質感住宅巧思圖鑑

瑞昇文化

前言

什麼樣的家才有魅力呢？

這個問題對我們這些建築設計師而言是永恆的煩惱。我唯一能夠斷言的是，一個有魅力的家勢必會有令人驚豔的設計或想法。

譬如把泥作牆面或木質地板等材質的魅力發揮到極致；或者在收納或動線上的細節用盡心思；抑或無論從家裡的任何角度都能看到窗外景緻，讓居住者感受四季變化；以合理工法、低成本打造出一棟好宅等等，有魅力的家其實具備各種面貌。好宅的魅力來自於設計師為了追求極致而費盡心思——每位設計師都在朝「打造品味住宅」的終極目標而努力。

這本書是「ＮＰＯ法人打造好宅協會（ＮＰＯ法人家づくりの会）」有志者的集大成，每位作者都是經驗老道的住宅設計師。本書將與您分享，在這群設計師的巧思與獨特想法下所打造的「品味住宅」。

目次

2 前言

第1章
有品味的建築物外型與構造 9

10 道路與住宅之關係
11 細長形的配置計畫
12 最低樓高節省法
13 利用天花板高度改變空間印象
14 善用樓中樓的高低落差
15 善用室內木樑的間隔
16 彰顯屋內的獨立樑柱
17 善用列柱與圓柱
18 外牆結構用面材與外牆通風
19 真壁構造工法
20 刻意展現小木屋工法
21 住宅結構兼打底的木構工法
22 多功能設計
23 「平衡感」最重要
24 親臨施工現場才能靈光乍現
25 打造視野開闊的空間
26 看得見藍天的巧思
27 打造能夠坐下來小憩的建築空間
28 室內與室外的空間連結

第2章
有品味的空間配置與動線 29

30 順應家庭關係變遷的好宅
31 重視用水空間
32 家人之間保留溫暖合宜的距離
33 停車場到玄關與側門的動線
34 廚餘暫存區
35 洗衣晾衣的好地點
36 方便雙薪家庭的家事動線
37 善用矮桌解決小空間問題
38 好宅要有好廚房

39 家人一起共用的桌面
40 美好的用餐空間
41 廁所要使用橫向拉門
42 廁所位置很重要
43 洗臉盆與洗衣機的配置
44 利用拉門提高冷暖氣使用效率
45 打造讓孩子獨立生活的環境
46 樓地板高度落差讓你看見不同景緻
47 利用小面積室內露台營造綠意
48 地下室的房間必備採光井
49 閣樓一定要留窗戶
50 活用多功能家事空間
51 墊高榻榻米打造收納空間
52 室內水池輝映夢幻照明

第3章 有品味的收納空間

53

54 廚房收納規劃
55 廚房吊櫃選擇拉門型
56 精準計算收納櫃的深度與層板分隔
57 預留菜刀的收納位置
58 廁所收納規劃
59 選擇使用「專家級壁櫥」
60 展示型收納的重點在於物品大小
61 大容量的牆面收納法
62 小裝飾提升住宅品味
63 質感好的格子狀書櫃
64 未雨綢繆保留傘架空間

第4章 有品味的材料與設備

65

66 客廳照明設計可調節亮度
67 依需要在不同位置設置燈光
68 玄關處的間接照明
69 盥洗室的鏡子與照明位置
70 小尺寸照明的妙用
71 減緩玄關的高低落差
72 使用厚度達30㎜的杉木板
73 精心挑選洗石子工法所使用的石材
74 善用鍍鋁鋅鋼板

75 玄關的邊框選用黃銅板
76 樹脂地板的妙用
77 利用磁磚的配置營造手作感
78 小空間裡的馬賽克瓷磚
79 連結屋內屋外的整體感
80 老建材與裝飾樑柱的再利用
81 重視玄關的材質
82 調節濕度的珪藻土壁紙
83 訂製曬衣桿
84 善用和紙玻璃素材
85 日式紙門的妙用
86 靈活運用和紙
87 準防火地區中的建築更需重視木製階梯
88 浴室天花板的調節功能
89 講究木地板的鋪設方向
90 木材的乾燥與強度最重要
91 磁磚間隙的顏色會影響整體風格
92 接觸肌膚的部分最好選擇有溫度的木材
93 室內裝潢選用木材與灰泥
94 浴室選用天然板材
95 用木材與石頭堆砌浴室
96 以暖爐為中心的客廳
97 抽油煙機前一定要有一面牆
98 封閉式廚房須注意端出菜餚的方式
99 盥洗台可採用實驗室專用流理台
100 搭配分離式馬桶與單體式馬桶
101 精密計算洗手台的大小
102 令人憧憬的露天陽台

第5章 有品味的裝潢細節

103
104 踢腳板的高度與形狀
105 不堆積灰塵的內嵌式踢腳板
106 天花板邊緣的精緻線板
107 令人不禁想一探究竟的階梯
108 樓梯的中牆使用輕薄材質
109 重視樓梯隨光線、溫度變化的樣貌
110 樓梯扶手規劃
111 隱藏窗簾盒的好方法
112 斜面隔間的方法
113 與寵物貓一起生活的設計
114 展現傳統風範的和式壁龕
115 隱藏式木製門窗框
116 訂製隱藏式拉門
117 講究拉門把手的形狀、大小、高度

118 用水空間中使用的金屬配件
119 鉸鏈的使用方法
120 浴室裡的轉角窗
121 盥洗室的採光窗
122 北面窗戶的採光
123 大開口隱形無框窗
124 活用橫向連窗
125 展現和式風格的圓窗
126 可避開鄰居視線又可採光的地窗
127 推拉窗改造為橫推窗的妙用
128 防盜柵欄窗的妙用
129 收納門板的戶袋
130 玄關空間的配置
131 玄關大門採用內開式
132 木製大門提高質感
133 防範大雪來襲的建築構造
134 講究玄關前的門徑長度
135 玄關加上兩道門鎖
136 玄關的防風效果
137 生活型態決定門把的形狀與高度
138 屋簷的雨漏設計

第6章 有品味的建築環境

139

140 在明亮的餐廳迎接早晨
141 外出時也要注意通風
142 舒適的居家環境
143 位於採光死角的房間不妨設天窗
144 隱私與開放感兼具的設計
145 活用土地本身擁有的「力量」
146 精心安排房間位置，捕捉夏季的盛行風
147 隔熱材質重點在於CP值與功能性
148 刻意不做防腐防白蟻處理
149 暖氣地下蓄熱構造
150 夏季的夜間通風
151 舒適的輻射熱營造溫暖居家環境
152 燒柴式暖爐帶來自然的熱循環

第7章 有品味的室外空間

153

154 路旁的美麗植栽
155 二樓客廳也可擺設綠色植栽
156 向外「借景」也是好方法
157 每個房間都能綠意盎然
158 綠化頂樓
159 庭院裡主樹木的分枝可營造森林感
160 面積小仍可保留植栽區域
161 龜裂誘發縫的功能
162 規劃小面積庭院
163 小而美的室外空間
164 講究門徑設計
165 講究門徑的照明
166 窗戶上的遮雨簷與防水板設計
167 木製陽台的配置
168 大開口玄關需搭配遮雨棚
169 浪板屋頂
170 停車場地面設計
171 隱藏設備配管
172 屋簷至少突出建築物1200㎜
173 保留屋簷下的空間
174 「半露天空間」連結室內與室外
175 保留晴雨晾曬衣物的空間
176 「山形」斜屋頂
177 信箱位置與大小
178 保留頂樓空間
179 拉進室外景色的木製露台
180 後記
181 作者一覽表

第 1 章

有品味的建築物外型與構造

一棟好住宅包含工程與設備等眾多元素，其中最重要的莫過於堅實的骨架。骨架不單指樑柱，還包含在建地內的哪個位置建造住宅、庭院與道路之間的關係等整體計畫。當然，合理的住宅構造也是很重要的一環。若能順利規劃整體架構，後續也就不會有什麼問題了。這麼說或許有點言過其實，但也彰顯建築構造不容小覷的重要性。

（村田）

小盆栽也能令人放鬆身心

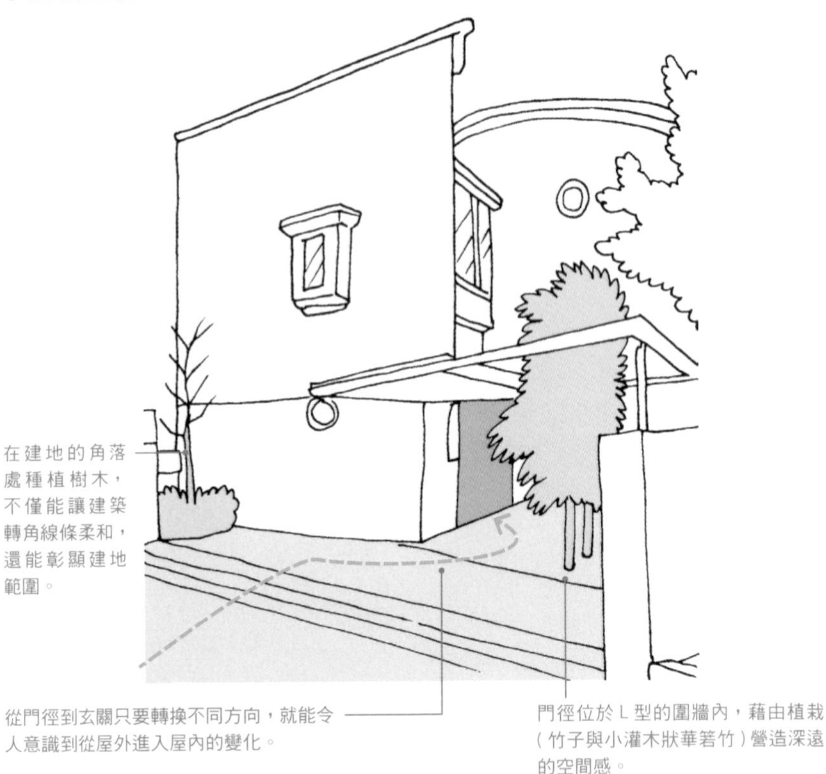

在建地的角落處種植樹木，不僅能讓建築轉角線條柔和，還能彰顯建地範圍。
從門徑到玄關只要轉換不同方向，就能令人意識到從屋外進入屋內的變化。
門徑位於L型的圍牆內，藉由植栽（竹子與小灌木狀華箬竹）營造深遠的空間感。

這是一片緊連狹窄道路的小建地，為了營造道路與建地的整體感，外牆刻意設計有轉角。（面對道路的部分呈開放狀態）

道路與住宅之關係

家門口的通道每天需要進出多次，對居住者而言是很重要的空間。從一般道路至玄關之間的門徑，依照建地的條件不同需要下不少功夫設計。本案例是面對狹窄道路的小建地住宅。比起玄關直接面對道路，不如轉移玄關方向，沿著牆面走一段路之後抵達門口更能展現從容的氣氛。

若能在玄關前放些小盆栽，就能打造出一片讓人小憩空間，達到進入室內前和緩心情之效果。（濱田）

細長形的配置計畫

我很喜歡將建地上的建築物採用細長形配置。當然，這必須考量周遭建築物的配置狀況與方位等各種元素，不能輕易就決定建築物的形狀。然而，細長形的配置有很多好處。細長形建築中，每個房間都容易有良好的採光與通風效果，而且若有餘裕保留共通走道，整體空間會顯得更富饒趣味。住宅內動線可能會因此拉長，建議不妨把建築物的中心設在玄關或階梯來解決此問題。

（石黑）

任何房間都有明亮採光的細長形住宅

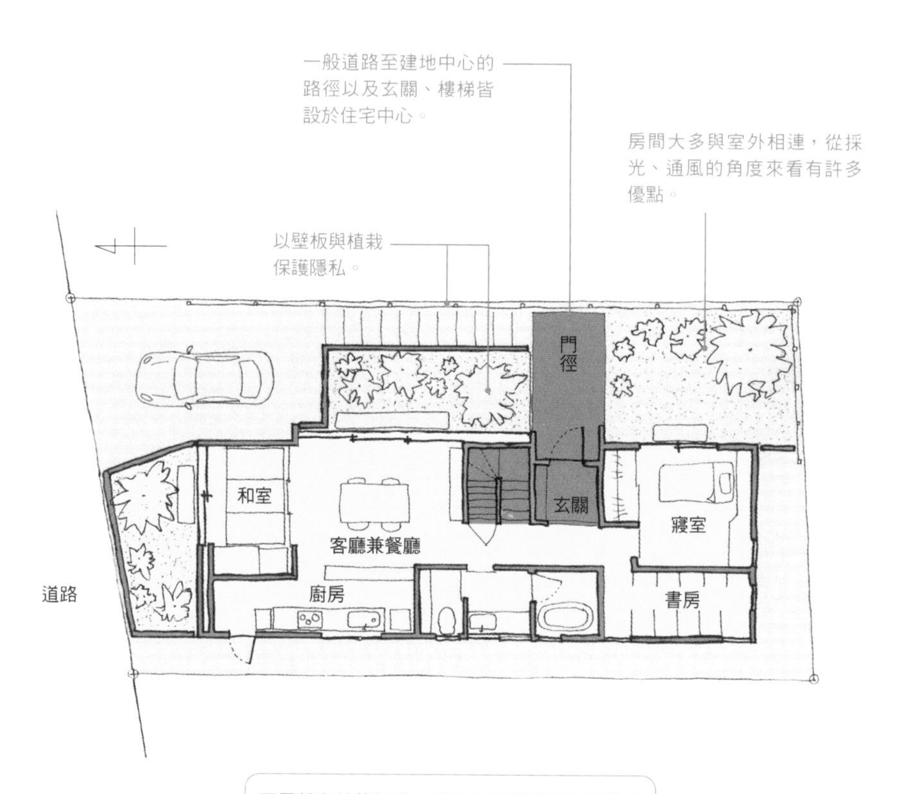

一般道路至建地中心的路徑以及玄關、樓梯皆設於住宅中心。
房間大多與室外相連，從採光、通風的角度來看有許多優點。
以壁板與植栽保護隱私。
門徑
和室
客廳兼餐廳
玄關
寢室
道路
廚房
書房
四周都有外牆包圍，因此在東側留下大面積庭院空間。

最低樓高節省法

考量成本與整體比例之間的平衡感，我通常會盡量把樓高壓低。樓高壓低之後階梯的層數以及踏步高度尺寸可以縮小，樓梯會變得比較好爬，所占面積也不大。除了房間的天井高度外，抽油煙機與浴室設備等也是設定樓高時必須考量的重點。面積大的房間樑柱也較厚，天井過低會造成壓迫感。因此設定樓高時，必須考量居住者的身高、喜好等元素。

（石黑）

壓低樓高好處多多

這棟建築物的天井高度為 2150 mm，樓高為 2470 mm。
雖然比一般樓高低，但客廳挑高之後空間顯得格外開闊。

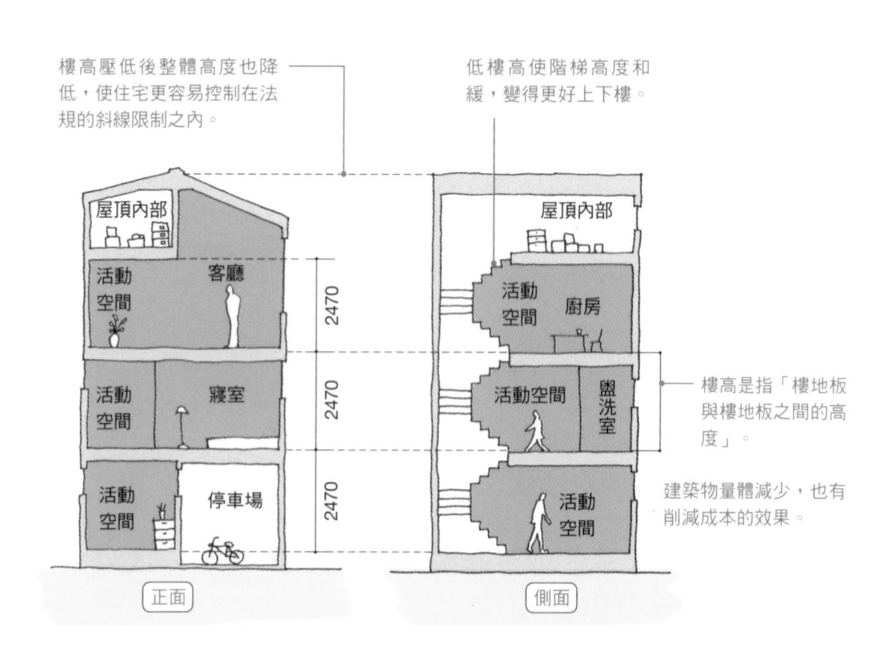

所謂樓高是指樓地板與樓地板之間的高度，不同於「天井高度」。樓高必須加上天井高以及樑柱的大小、鋪設地板的材質厚度、天井內部空間等。天井高度、樑柱厚度（樑柱上端至下端之尺寸）若能控制在最小範圍內，就能把樓高壓低。

藉由改變天井高度增加空間的律動感

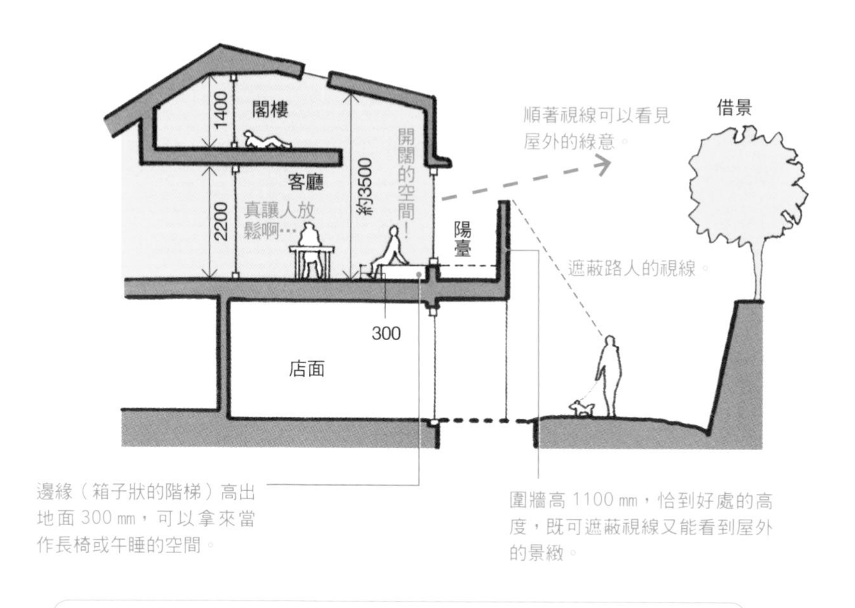

閣樓
1400
客廳
2200
真讓人放鬆啊…
約3500
開闊的空間！
陽臺
順著視線可以看見屋外的綠意。
借景
遮蔽路人的視線。
300
店面
邊緣（箱子狀的階梯）高出地面 300 ㎜，可以拿來當作長椅或午睡的空間。
圍牆高 1100 ㎜，恰到好處的高度，既可遮蔽視線又能看到屋外的景緻。

客廳空間大約只有 6.8 個榻榻米（約 3 坪）。在角落設落地窗，讓視覺可延伸到屋外陽台。另外，因為空間狹小所以刻意把天井高度設為偏低的 2200 ㎜。通往閣樓的爬梯空間設計為梯形，讓高度有向上延伸的感覺。

利用天花板高度改變空間印象

天井高度不同，室內空間也會大幅改變。平行的天井、屋頂的三角天井、轉角線條柔和的天井、部分挑高的天井等，不同的高度與形狀給人不同的印象。雖然不可一概而論，但是2100～2200㎜左右的矮天井，藉由巧妙地安排門窗開口就能夠營造出溫馨的私密空間。另一方面，挑高的天井則帶來開闊與躍動感。若想要改變空間的質感不妨從天井高度下手，可藉此加強空間的立體感。

（小野）

引進光線與風的樓中樓間隙

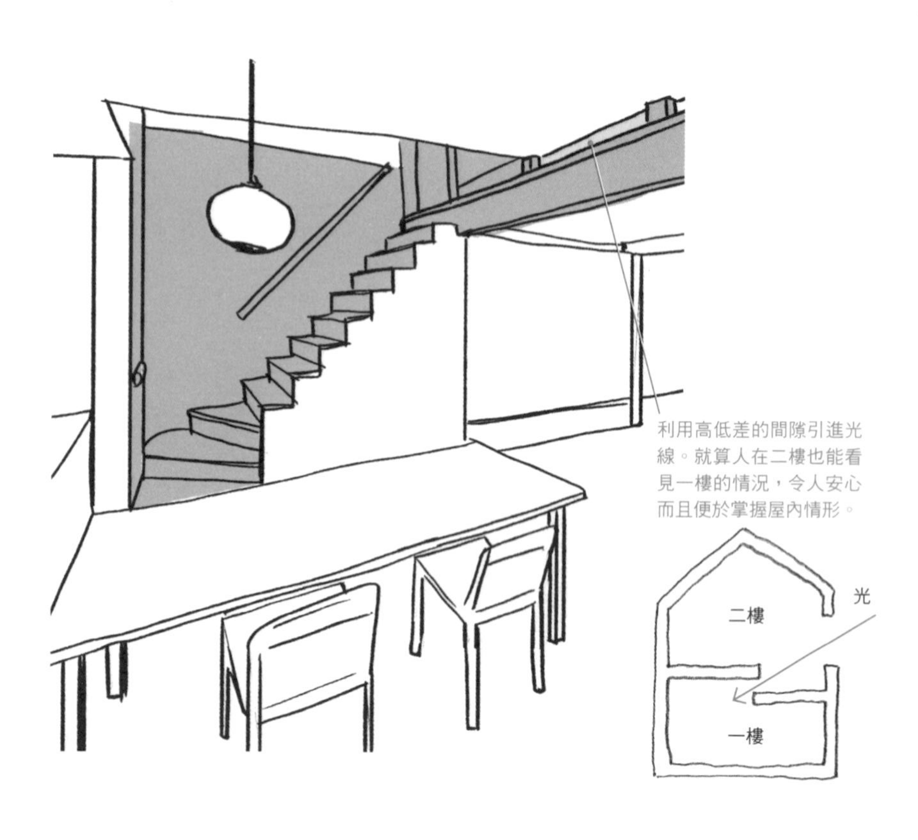

利用高低差的間隙引進光線。就算人在二樓也能看見一樓的情況，令人安心而且便於掌握屋內情形。
光
二樓
一樓

善用樓中樓的高低落差

本案例藉由錯開兩階左右的高度差，利用其縫隙達到採光以及通風的功能。如此一來，無論人在一樓或是二樓都能夠互相感覺到對方，可以提高家人之間的溝通。另外，對於沒有空間挑高的住宅，這種作法也很有效。尤其是南北狹長形的建築，正中央容易缺乏光線，用這種方法很容易就能達到採光效果。高度差的間隙可用玻璃密封或裝設可開關的門板，以防止物品掉落並提升冷暖氣的使用效率。

（丹羽）

善用室內木樑的間隔

單純的屋頂結構可隔絕室外熱氣，直接展現室內木樑也是一種經典的設計。直接露出木樑展現樸質的陰影，這種手法廣受屋主歡迎。採用此設計時，木樑的材質種類與尺寸、甚至間隔多寬都需要好好審視。除了要滿足構造上的功能，還要考量室內的視線與屋頂高度、照明器材的裝設方法等等。除此之外，設計上希望看起來纖細柔和或者強而有力，都可以透過間隔與尺寸而改變。

（石黑）

露出結構材質讓空間有更多可能性

木樑間隔為303㎜，尺寸為60×150㎜。這種設計展現木材樸質的陰影以及強而有力的印象。
照明採用軌道燈，裝設燈具的部份結合2條木樑為基座。視情況也可不用天井照明，改採壁燈照明。
支撐天井橫樑的垂直柱，刻意以兩柱並列的方式讓整體設計不單調。
2400
好摩登的設計啊！
天井高度低的部分約2400㎜，但高處約有3000㎜。本案例使用單斜式屋頂。
將建築物的形狀簡化，屋頂設計也隨之簡潔有力。

積極彰顯支撐住宅的「樑柱」

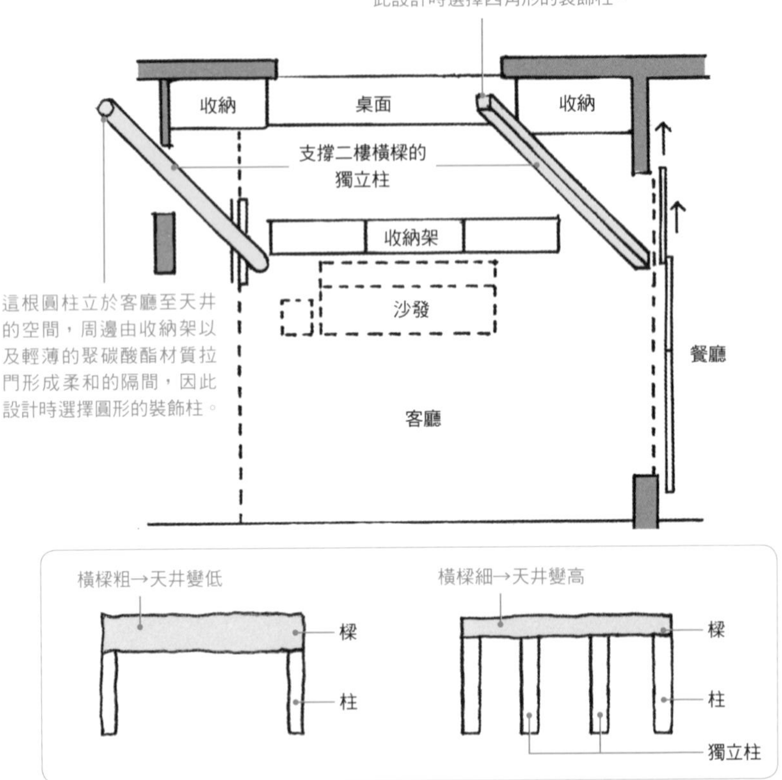

彰顯屋內的獨立樑柱

柱與柱之間的距離長，橫樑的就必須要增厚，如果使用上沒有不便之處，我建議可以使用獨立柱。有柱子的地方很容易自然而形成獨立區域，會令人萌生走進去瞧瞧的念頭，同時也會成為空間的亮點。

無論以前或現在，木造建築的室內及室外都採用隱藏結構柱的大壁造法，構造柱本身藏於建築內，但在設計裝潢時可藉由使用獨立柱令人直接體會「這是一棟木造住宅」的感覺。

（小野）

善用列柱與圓柱

若不想區隔空間只想劃分區域時，不妨使用列柱。若隱若現地既可遮蔽視線同時也能觀察到大致情況。使用列柱劃分空間使住宅整體產生律動感，柱體自然產生的光影也是美景之一。相較於列柱，圓柱對空間劃分感較弱，常用於規劃空間領域上。譬如，一個空間要規劃成客廳兼餐廳，只需要加上1～2根柱子就能形成空間領域的界線。如此一來，柱子不但能成為動線的指標，也可能意外地成為孩子遊戲的空間。

（倉島）

善用圓柱規劃空間界線

以四根圓柱與較低的天井區隔出餐廳範圍，前方客廳則採用挑高設計。

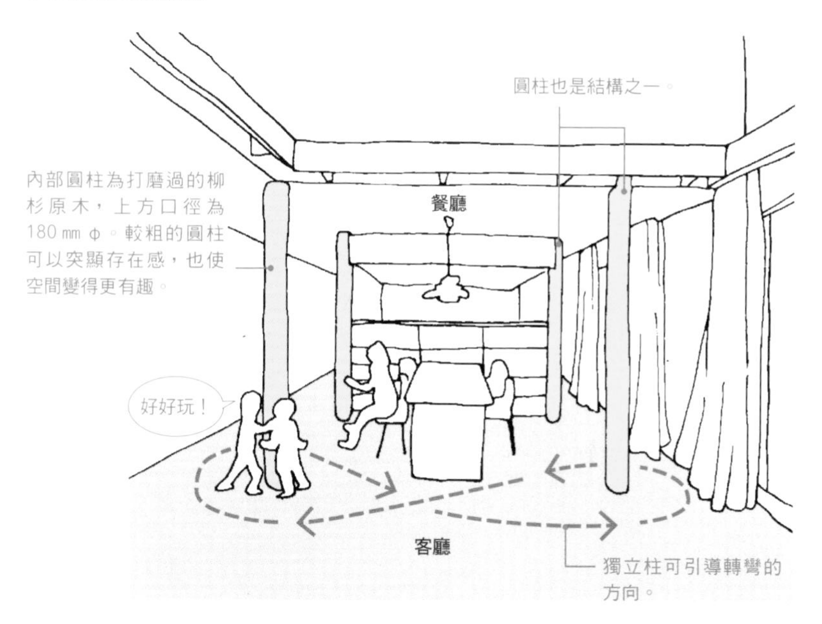

圓柱也是結構之一。
內部圓柱為打磨過的柳杉原木，上方口徑為180㎜ φ。較粗的圓柱可以突顯存在感，也使空間變得更有趣。
餐廳
好好玩！
客廳
獨立柱可引導轉彎的方向。

若使用列柱，結構柱間隔 910 ㎜或 1820 ㎜，結構柱之間的裝飾柱則間隔 227.5 ㎜或 303 ㎜。

外牆結構用面材與外牆通風

外牆的隔熱材質多少都會發生結露的現象。外牆通風層能將結露水氣排出，但隔熱材質與外牆通風層之間還有結構用面材。結構用面材處於發生結露現象的位置上，應該要慎選防潮效果好的材質。我絕對不會選擇合板來當作結構用面材，而是選擇 MOISS 或 DAILITE 等廠商所製造的防潮效果好的材質。牆面內部的材質選定後就無法重來，因此必須特別慎重。這也是延長住宅壽命很重要的一點。

（古川）

防潮讓住宅使用年限更長久

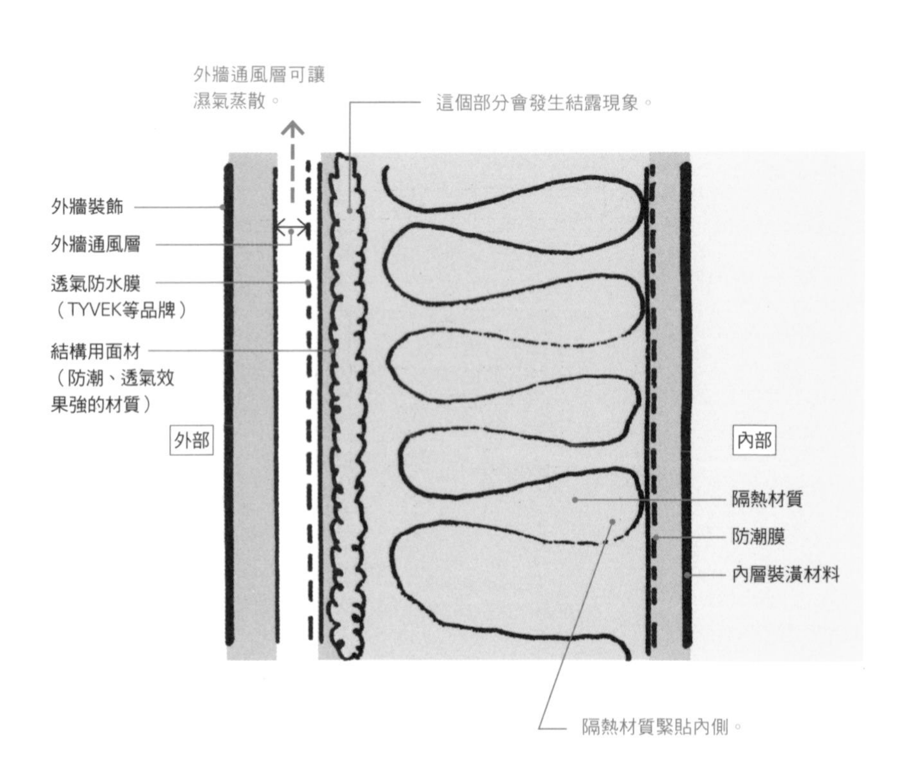

顯露木製構造的氣勢

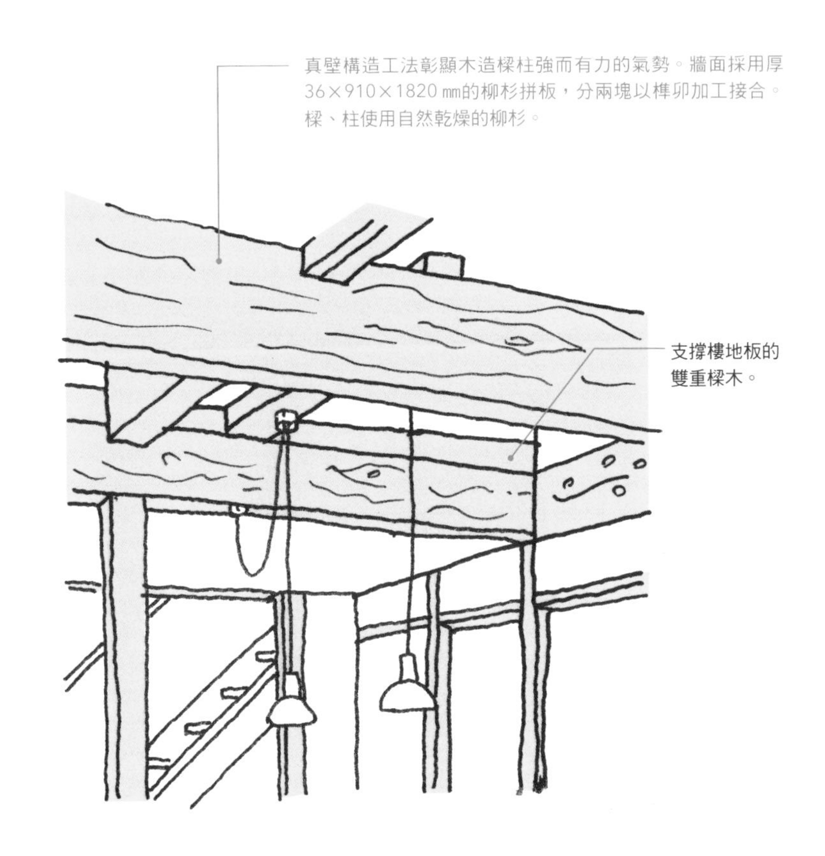

真壁構造工法彰顯木造樑柱強而有力的氣勢。牆面採用厚36×910×1820㎜的柳杉拼板，分兩塊以榫卯加工接合。樑、柱使用自然乾燥的柳杉。
支撐樓地板的雙重樑木。

真壁構造工法

每見到樑柱交錯堆砌直到上樑，我都會因為「木造」住宅而感動不已。為了彰顯木製樑柱之美，我刻意選擇真壁構造工法（＊）。藉由突顯樑柱，不僅帶出木頭結構本身的樣貌與協調性，住宅整體也顯得乾淨俐落。經歷過風吹雨淋的木材不易腐朽，而且木造結構顯露在外，若有異常馬上就能發現。真壁構造工法是在日本風土中培養出來，既傳統又符合現代需求的造屋方式。

（野口）

＊真壁構造工法：顯露出樑柱，並在樑柱之間打造牆面。

刻意展現小木屋工法

古老的半地穴式房屋與農家隨處可見日本傳統住宅的屋頂形式，把這樣的屋頂設計融入室內，溫暖地包圍著住宅裡的居住者。我一直在思考，能否把這種形式活用在現代住宅中。然而，有不少屋主認為老舊的樣式過於粗獷，因此我選擇隱藏小木屋的橫樑與短柱，只露出具有裝飾效果的垂木梁與隅木梁。藉由這種手法，讓傳統技法融入現代生活，打造出簡練的「現代老宅」。

（山本）

展現小木屋工法的摩登老宅

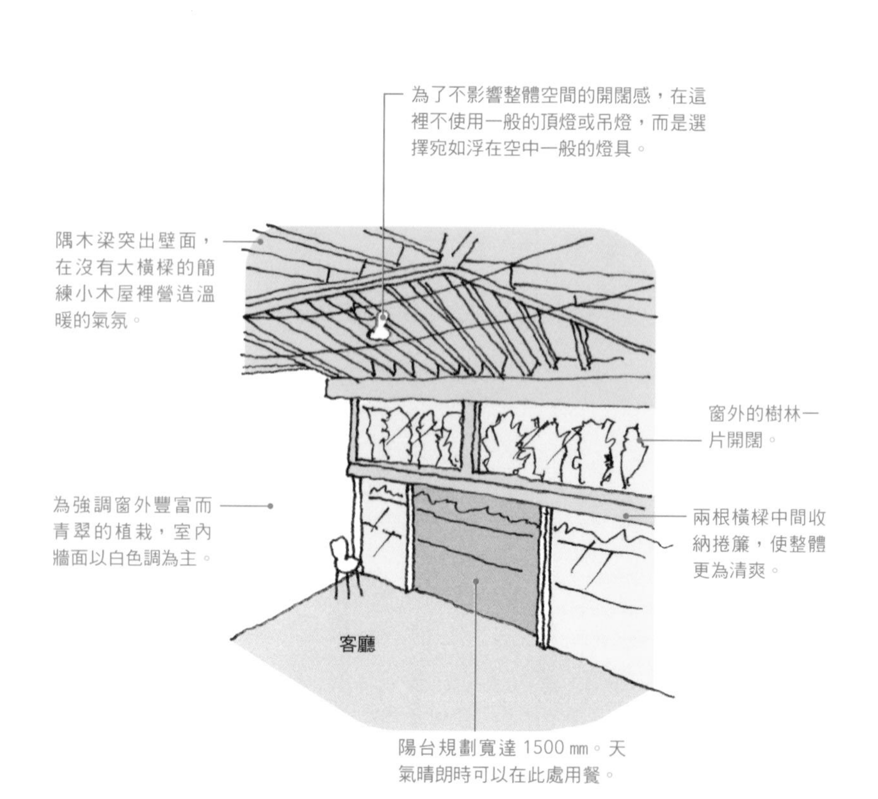

為了不影響整體空間的開闊感，在這裡不使用一般的頂燈或吊燈，而是選擇宛如浮在空中一般的燈具。
隅木梁突出壁面，在沒有大橫樑的簡練小木屋裡營造溫暖的氣氛。
窗外的樹林一片開闊。
為強調窗外豐富而青翠的植栽，室內牆面以白色調為主。
兩根橫樑中間收納捲簾，使整體更為清爽。
客廳
陽台規劃寬達 1500㎜。天氣晴朗時可以在此處用餐。

壓低成本的 B 級住宅

內牆、地板、外牆、天井打底材都是由杉木打造的住宅，我稱之為「B 級住宅」。建材大多選用被市場淘汰彎曲如小黃瓜狀的 B 級木材。從結構材、隔熱材到內部裝潢都選用杉木。

住宅結構兼打底的木構工法

這種工法是節省成本的常見手法。我選擇木材時會壓低木材單價（無節材較貴，木節越多價格越便宜），但絕不犧牲木材厚度與品質。就算不用A級材質，使用厚度足夠的B級或C級板材也能提升隔熱效果，同時也能感覺木材隨著時間變化的不同樣貌。一方面減少木匠的工作量，刻意露出打底材與結構材反而能夠讓生活在住宅中的人享受到木造的質感。不看細節而放眼整體設計，便可以用合理的價格取得夢想中的住宅空間。

（松澤）

多功能設計

一般的木造建築基於防潮功能以及法令規定，建築必須與地面相隔一段距離。因此，一樓的樓地板與地面大約會產生兩個階梯左右的高低差。基於安全考量通常會設置扶手，但我希望能讓扶手不經意地融入設計中。本案例是把鞋櫃中間的夾層突出60㎜，如此一來，當人從玄關土間（譯註：日本的住宅中，習慣先脫鞋才進入室內，只有土間不需脫鞋。）進入一樓時，就會不經意地發揮扶手之功能。收納又兼具扶手功能卻不彰顯其存在感，是具有簡練美感的設計。

（杉浦）

低調的扶手

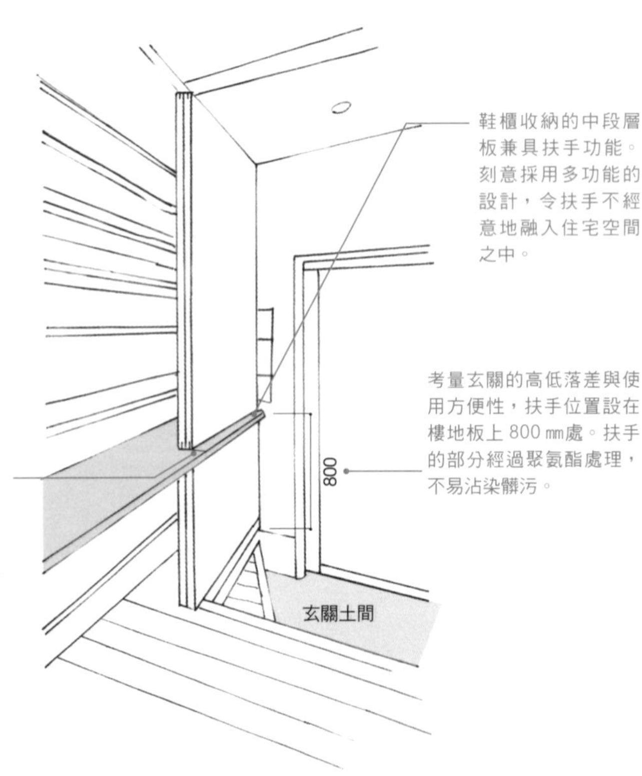

打造住宅的秘訣在於「平衡感」

不只從住戶、設計者的角度思考，也要考量施工者、路上行人等不同角色，才能找到完美的平衡點。

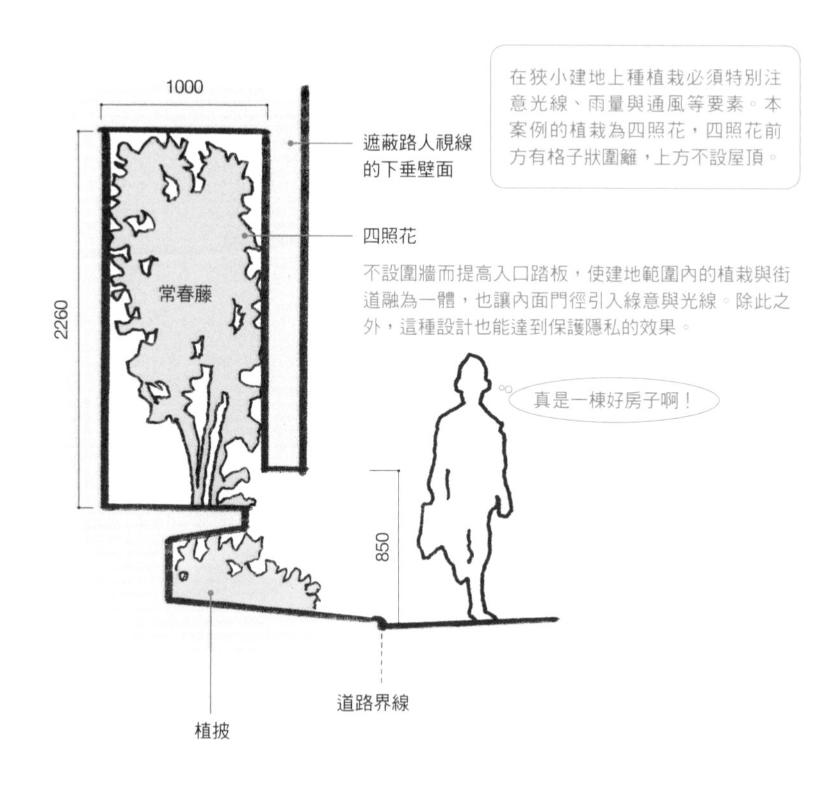

1000
2260
常春藤
遮蔽路人視線的下垂壁面
在狹小建地上種植栽必須特別注意光線、雨量與通風等要素。本案例的植栽為四照花，四照花前方有格子狀圍籬，上方不設屋頂。
四照花
不設圍牆而提高入口踏板，使建地範圍內的植栽與街道融為一體，也讓內面門徑引入綠意與光線。除此之外，這種設計也能達到保護隱私的效果。
真是一棟好房子啊！
850
道路界線
植披

「平衡感」最重要

打造住宅最重要的就是「平衡感」。譬如為了保護隱私而在建地之內築起高牆，就容易失去內外空間的平衡感，反而變成一棟孤立的建築物。我認為設計時不只要從室內看庭院的角度來思考，從路過的行人會看到、感覺到什麼也非常重要。本案例雖然是建地狹小的住宅，但因為不設圍牆讓門徑與道路結合令人感覺視野開闊，而下垂的壁面也恰到好處地保護了住戶的隱私。

（高野）

親臨施工現場才能靈光乍現

打造住宅的時候，親眼見到實際情形再考量具體規劃非常重要。打造住宅不能只在辦公室裡紙上談兵，必須親臨「現場」。在工地現場看著等比例大小的材料，與施工的師傅交流可以獲得許多靈感。本案例當中，玄關以洗石子工法為主，其中放入平面石板當作踏板。石板並非設置於玄關遮雨棚正中央，而是沿著邊緣擺設，如此一來石板也同時具有門擋的功能。

（高野）

從材質與經驗衍生的好設計

藉由親眼觀察現場空間規模與天然岩石、砂礫等建材才能催生好設計。結合光線亮度、視線角度、施工人員的技術與經驗等各種要素，會慢慢引導設計師找到最適合的答案。因此，我認為不需要拘泥於石材、建材尺寸，建築之美並非取決於精確的數字。

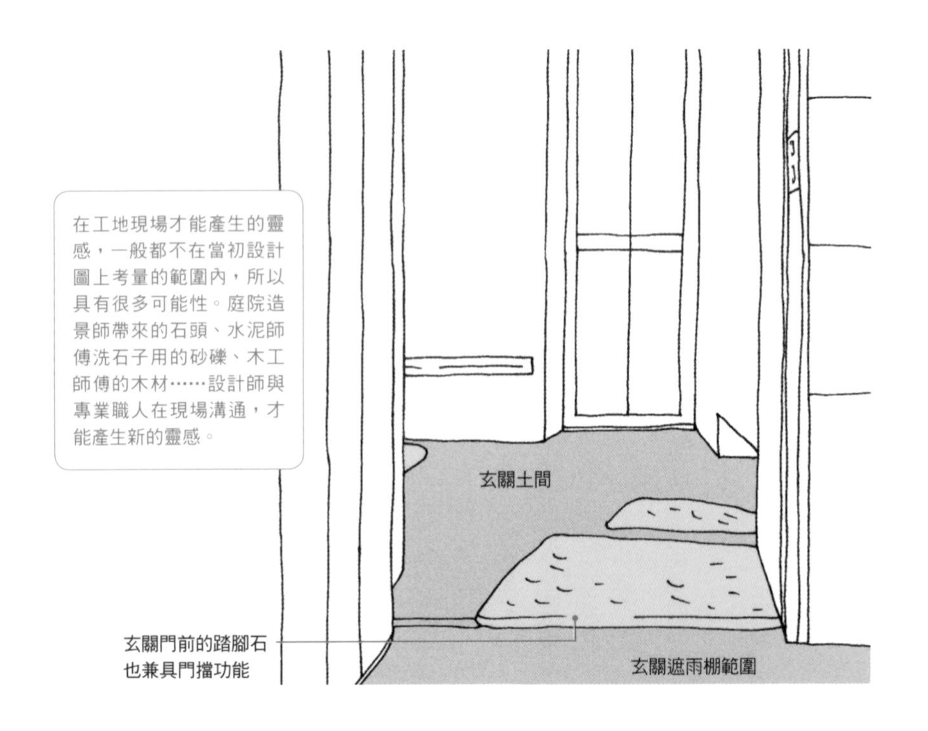

在工地現場才能產生的靈感，一般都不在當初設計圖上考量的範圍內，所以具有很多可能性。庭院造景師帶來的石頭、水泥師傅洗石子用的砂礫、木工師傅的木材……設計師與專業職人在現場溝通，才能產生新的靈感。
玄關土間
玄關門前的踏腳石
也兼具門擋功能
玄關遮雨棚範圍

打造開闊視野：調整天井高度與樓地板落差

利用錯開牆面等手法，讓視線（空氣）能在水平・垂直方向流動，營造開闊的視覺效果。

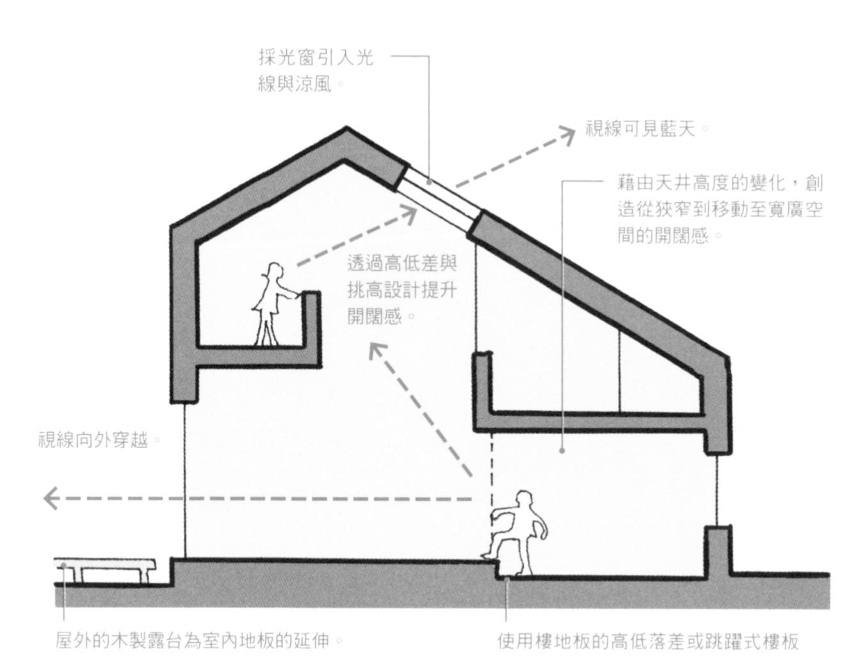

採光窗引入光線與涼風。
視線可見藍天。
藉由天井高度的變化，創造從狹窄到移動至寬廣空間的開闊感。
透過高低差與挑高設計提升開闊感。
視線向外穿越。
屋外的木製露台為室內地板的延伸。
使用樓地板的高低落差或跳躍式樓板等改變樓地板高度的手法，對於營造開闊感也很有效果。

打造視野開闊的空間

住宅要由內向外打造出開闊的空間，常會碰到建地狀況或是妨害隱私等問題，這著實難以解決。然而，我認為即便是狹窄的住宅空間，也能夠創造出開闊的視覺效果。譬如天井由低至高、由狹窄到寬廣的空間移動等，就可以藉由這一些變化營造出開闊的視覺效果。像上圖這樣，雖然沒有完全挑高視線卻毫無阻礙，反而有寬廣的視覺效果。

（坂東）

天窗讓都會住宅也能感受大自然

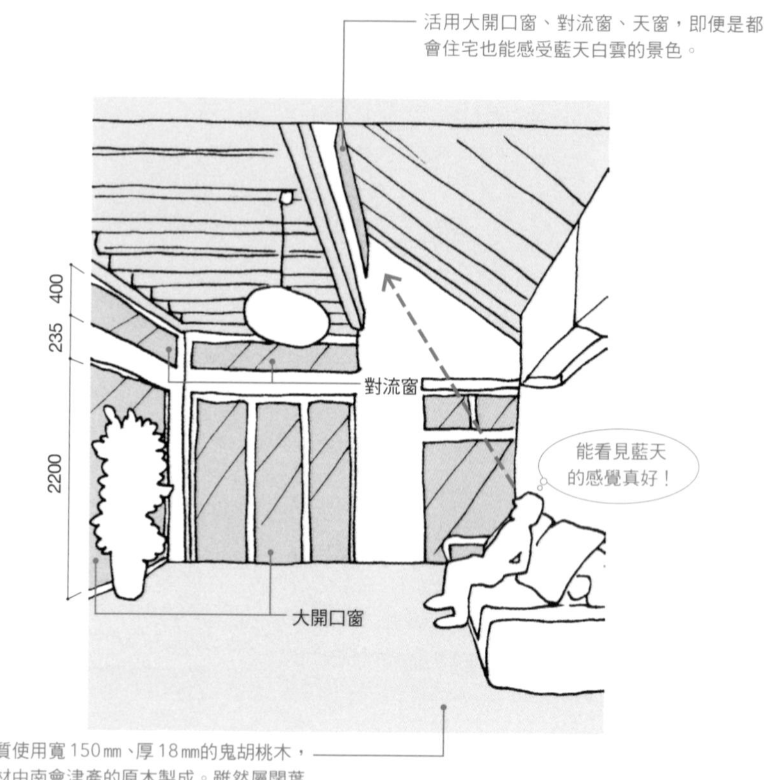

活用大開口窗、對流窗、天窗，即便是都會住宅也能感受藍天白雲的景色。
400
235
2200
對流窗
能看見藍天的感覺真好！
大開口窗

地板材質使用寬150㎜、厚18㎜的鬼胡桃木，這些木材由南會津產的原木製成。雖然屬闊葉樹種，但擁有獨特溫柔觸感極具親膚性，木材的紋理樸素且具有山林樹木的特質。

看得見藍天的巧思

為了讓住宅空間感覺比實際空間更開闊，不妨設個天窗讓視線能觸及藍天。尤其是住在都市中住宅十分密集的地區，享受大自然顯得非常重要。只要多用巧思，即便是三面都被鄰近建築物包圍，也能藉由天窗創造放鬆身心的空間。能看見小庭院的落地窗、設於屋頂與客廳相連的對流窗（氣窗）、餐廳裡能引入早晨日照的對流窗與天窗等，都能讓都會裡的住宅擁有出眾的開闊視野。

（松本）

打造能夠坐下來小憩的建築空間

如果家裡有一處空間能夠讓人不由自主地想坐下來休息就太好了。

譬如與落地窗連成一體的板凳、表面是地板或榻榻米而下方有收納功能的空間等，堅固又牢靠宛如「建築物的一部分」，這樣的空間會給予居住者很大的安全感。況且，長凳還能延伸成為電視櫃，產生新的功能。

我認為家裡需要一個像這樣能放鬆身心的空間。

（小野）

以緣廊為設計概念，延伸後也能成為電視櫃

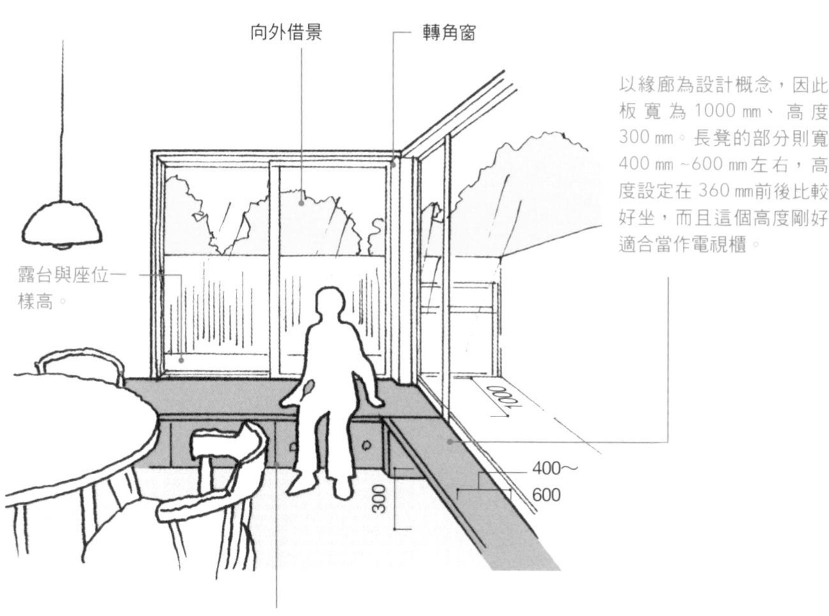

向外借景
轉角窗
以緣廊為設計概念，因此板寬為 1000 ㎜、高度 300 ㎜。長凳的部分則寬 400 ㎜ ~600 ㎜左右，高度設定在 360 ㎜前後比較好坐，而且這個高度剛好適合當作電視櫃。
露台與座位一樣高。
1000
400～
600
300

座位下有收納功能，需經常取用的可採抽屜式，若非如此可採前開式門板設計。座位上的層板亦可做成開閉式收納。抑或保留收納空間，放進屋主自己喜愛的收納籃或收納箱也是好方法。

室內與室外的空間連結

為了能在室內享受室外風景，住宅如何內外連結非常重要。窗戶的設計就是連結室內與室外的秘訣。天氣好的時候，或許可以藉由打開多個窗戶引進室外的風景，但實際上能這麼做的日子並不多。我通常會結合ＦＩＸ固定窗與拉門來解決這個問題。本案例除了結合固定窗與拉門，還增加對流用的小窗戶，因此住宅內不僅有能觀賞風景的觀景窗，還有空氣流通用的對流窗、出入用的落地窗等，各種不同的功能型窗戶。

（村田）

大片窗戶連結室內與室外

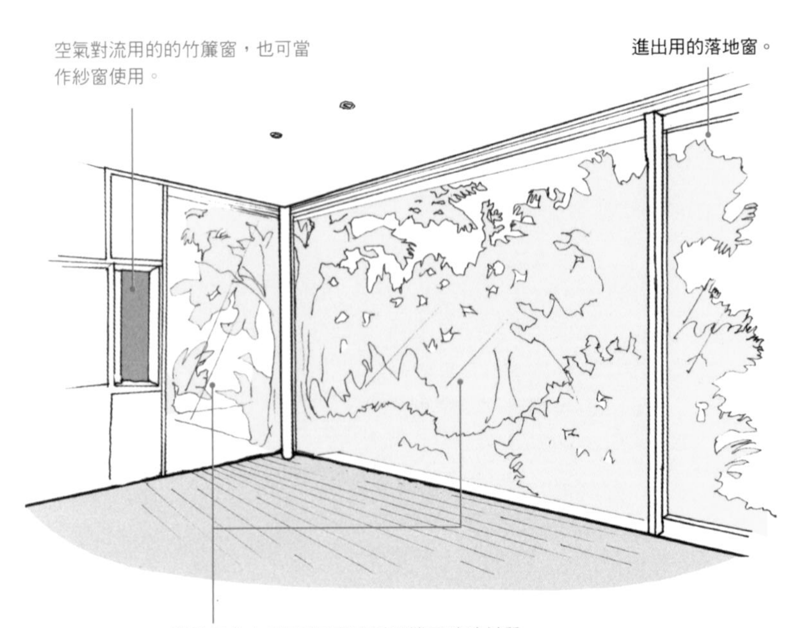

空氣對流用的的竹簾窗，也可當作紗窗使用。
進出用的落地窗。
觀景用的大片FIX固定窗採用雙層玻璃材質。進出用的落地窗，考量操作便利性以及隔熱性，選用輕量的真空玻璃。

第2章

有品味的空間配置與動線

空間配置與動線不需要奇特的設計，但須配合每個人不同的生活方式。為了打造令人感覺舒適的住宅，不僅要思考房間與房間之間的「空間配置」以及連結各種行為的「動線」，還要考量冬暖夏涼的「舒適度」、配合居住者成長的「可變化性」。這些元素會在各方面影響居住者，使居住者能夠長期愛護住宅並樂於在住宅中生活。設備與建築物的功能一直在進步，技術也日新月異，但空間配置與動線才是持續一生的生活關鍵。

（根來）

順應不同人生階段的住宅計畫

家中有新生兒的家庭，以母親為中心規劃屋內配置。二樓的空間已經預設將來可以分割成兒童房。

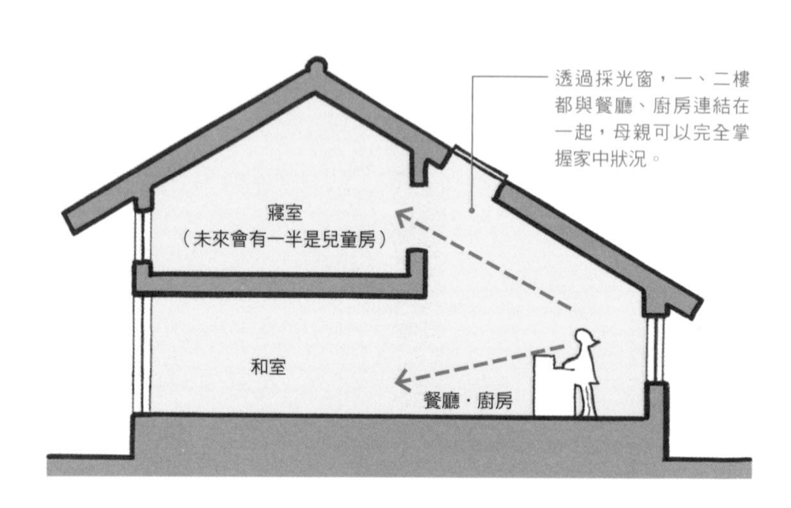

順應家庭關係變遷的好宅

為了要順應典型的核心家庭結構，nLDK（＊）這個形式已經行之有年。然而，現代家庭結構卻不斷在改變。即便是同樣的家族成員，也會因為進入不同人生階段而改變生活方式。設計住宅時，不只要考慮當下家族成員的生活方式與彼此的關聯，更要保留對應今後發生變化的情形。上圖的例子當中，家庭成員只有成人，因此一樓設計客廳與餐廳、二樓為寢室，打造家庭成員各自能舒適生活的空間，同時透過局部挑高處的採光窗來傳達彼此的存在。對於未來可能產生的家庭結構變化，則以切割二樓寢室方式，對應保留嗜好空間或者兩代同堂之需求。

（坂東）

＊ nLDK：（n）為房間數，LDK 分別指客廳（Living room）、餐廳（Dining room）與廚房（Kitchen）。這種概念源自於「寢食分離」，直到小家庭成為主流之後就漸漸固定為經典的住宅配置。然而，現代住宅的需求已經不在此限。

重視用水空間

用水空間的配置對生活舒適度有很大的影響。對於需要料理、洗衣、幫孩子洗澡的家庭主婦而言，如果廚房、洗衣間、浴室之間的動線順暢，工作效率就能提高。另一方面，對家庭成員而言，廁所、盥洗室、浴室之間的動線簡潔明瞭，使用起來也就更方便。因此，住宅計畫當中，用水空間的配置就顯得十分重要。理想的狀態下，走廊、客廳、廚房與洗衣室、盥洗室、浴室等用水空間，呈迴廊型動線是最佳選擇。

（菊池）

可以環繞一圈的迴廊型動線最理想

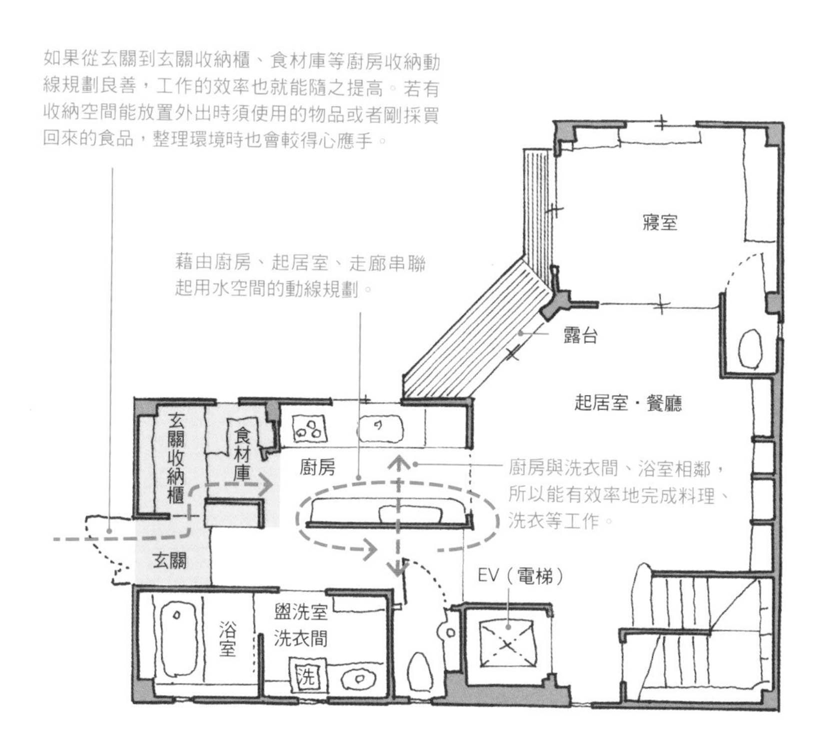

如果從玄關到玄關收納櫃、食材庫等廚房收納動線規劃良善，工作的效率也就能隨之提高。若有收納空間能放置外出時須使用的物品或者剛採買回來的食品，整理環境時也會較得心應手。
藉由廚房、起居室、走廊串聯起用水空間的動線規劃。
寢室
露台
起居室・餐廳
玄關收納櫃
食材庫
廚房
廚房與洗衣間、浴室相鄰，所以能有效率地完成料理、洗衣等工作。
玄關
EV（電梯）
浴室
盥洗室
洗衣間
洗

家人之間保留溫暖合宜的距離

房間的配置方法與家庭生活習慣息息相關。尤其是有兒童的住家，如何分隔出第一個兒童房，親子之間的距離要如何拿捏等，每個家庭都有其不同的考量。詳細審視這些不同的需求來配置獨立房間，會讓居住者有不同的生活體驗。

本案例為疼愛孩子但又想保有私人空間的爸爸準備一間書房。要抵達書房必須經過室外步道才能抵達，雖然與家人保持著距離，但仍可藉由面對客廳的採光窗看見家人活動的情形。

（白崎）

疼愛孩子但又想保有私人空間的爸爸書房

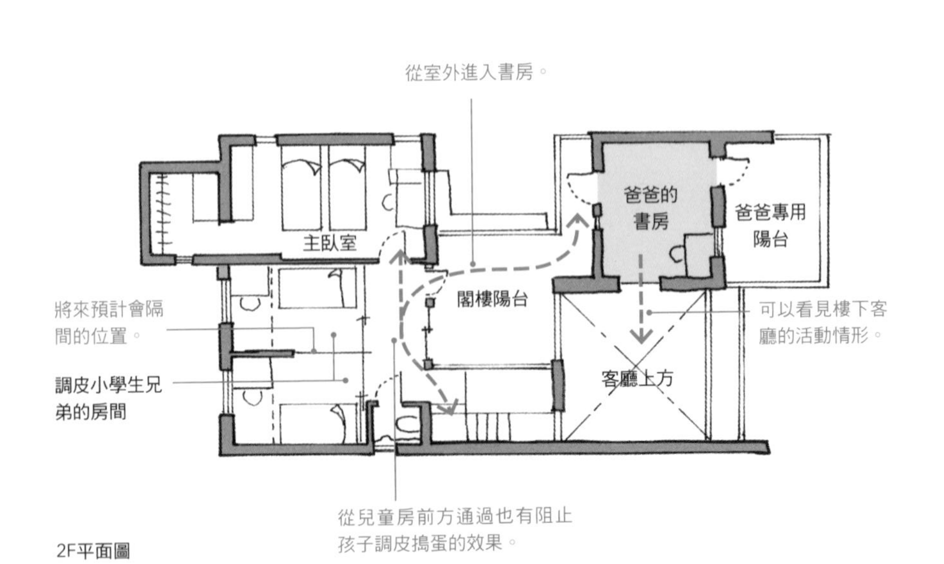

2F平面圖

下車之後不淋雨的路線規劃

駕駛座的車門全開時，至少需要 800 mm的空間。車門大小根據車種不同多少會有差異，規劃時必須詳加確認屋主車輛的車門尺寸。

停車場到玄關與側門的動線

搬運大型貨物或者日常採買、下雨天進出等，必須詳加規劃從停車場到家裡的動線。另外，若停車場也是住宅的一部分，則必須和建築物一起整體規劃。考量建地與道路之間的關係，通常都會希望把停車場與玄關、側門的距離拉近，以便搬運物品。再者，把屋簷拉長也可以防止進出時被雨淋濕，但為了不遮蔽太多光線，屋簷有部分採用玻璃材質。若停車場就在住宅內部，則必須另設一道門與玄關區隔開來，以便停車後可直接進入住宅內。

（菊池）

將吧檯下方的空間當作屋外廚餘暫存區

考量防水效果與動線順暢性，本來想使用拉門，但礙於預算不足只好採用內開式門板。若選用外開式門板，必須考量垃圾袋與垃圾桶高度，並且確保廚餘堆放位置離開口處有一段距離。

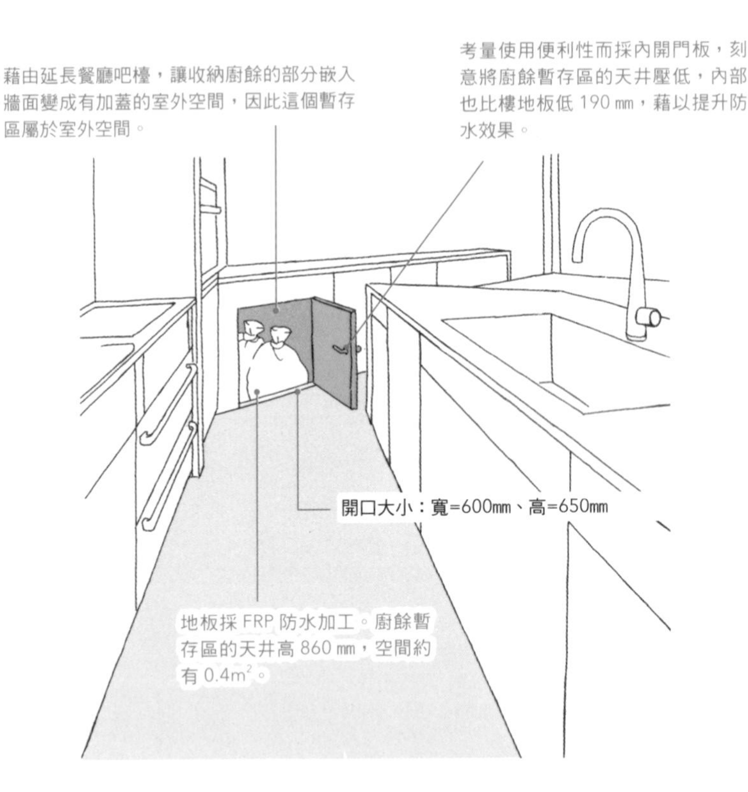

藉由延長餐廳吧檯，讓收納廚餘的部分嵌入牆面變成有加蓋的室外空間，因此這個暫存區屬於室外空間。
考量使用便利性而採內開門板，刻意將廚餘暫存區的天井壓低，內部也比樓地板低 190 mm，藉以提升防水效果。
開口大小：寬=600mm、高=650mm
地板採 FRP 防水加工。廚餘暫存區的天井高 860 mm，空間約有 0.4m²。

廚餘暫存區

廚房位於二樓的住宅，因為沒有側門可以暫時存放廚餘，所以必須要採取防臭的措施。本案例中的廚餘暫存區設置在餐廳吧檯靠外牆的空間當中，因此也算是有加蓋的室外空間。除此之外，如果室外有陽台則可設側門，抑或另闢一個廚房專用的小陽台暫存廚餘。

（杉浦）

洗衣晾衣的好地點

設計晾乾衣物的地點時，必須考量下雨天或花粉季等無法在室外晾乾、很多雙薪家庭只能在晚上收拾衣物的情形。即便如此，還是很多人不想使用浴室通風乾燥機或烘衣機，而是想利用陽光曬乾衣物，讓衣物充滿自然的香味吧！這種時候不妨在樓梯上設一處室內晾衣場，既可保障隱私、熱空氣也會自然聚積在天井，同時又能防止冬季室內空氣過於乾燥，晾衣場還能保持自然清香，可謂一舉數得。

（田中）

花粉或梅雨季時也能使用的室內晾衣場

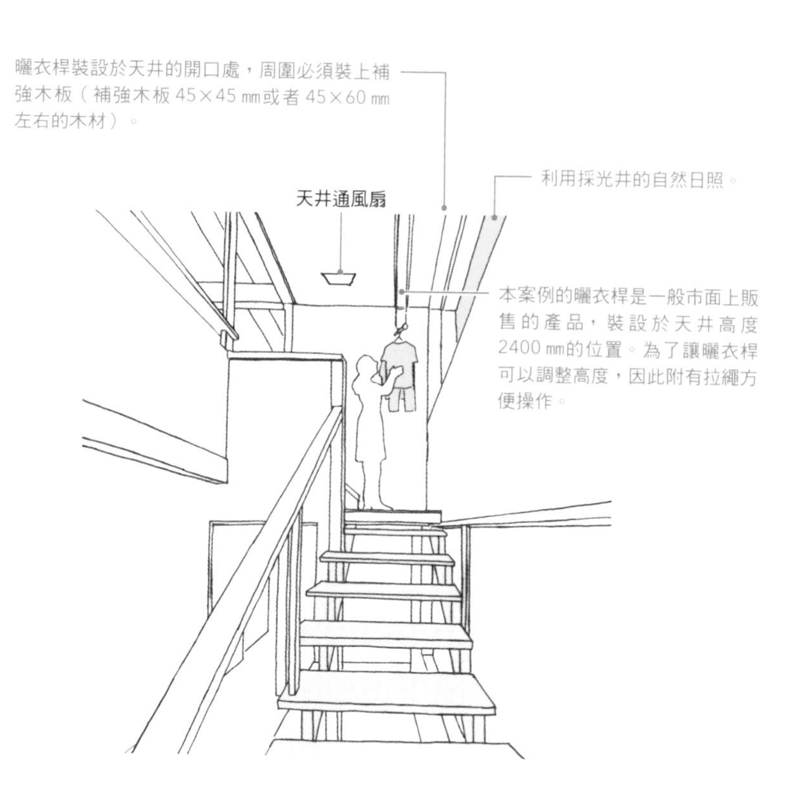

曬衣桿裝設於天井的開口處，周圍必須裝上補強木板（補強木板45×45㎜或者45×60㎜左右的木材）。
利用採光井的自然日照。
天井通風扇
本案例的曬衣桿是一般市面上販售的產品，裝設於天井高度2400㎜的位置。為了讓曬衣桿可以調整高度，因此附有拉繩方便操作。

方便雙薪家庭的家事動線

對於家中有學齡兒童的雙薪家庭而言，每天早晨都分秒必爭。趁著洗衣機運轉的時間做便當、準備早餐，吃完早餐之後還要洗碗、曬衣服。盥洗室以及廁所必須要大家輪流使用、同時一邊注意倒垃圾的時間等等。在這樣手忙腳亂的情況之下，我希望可以減輕媽媽的負擔，於是把廚房當作司令台一樣，配置周邊空間的動線。

（田中）

廚房就是司令台

把廚房當作司令台，從晾衣服、做早餐、用餐、收拾碗盤到準備便當、倒垃圾，指揮使用廁所、盥洗室的順序等等。

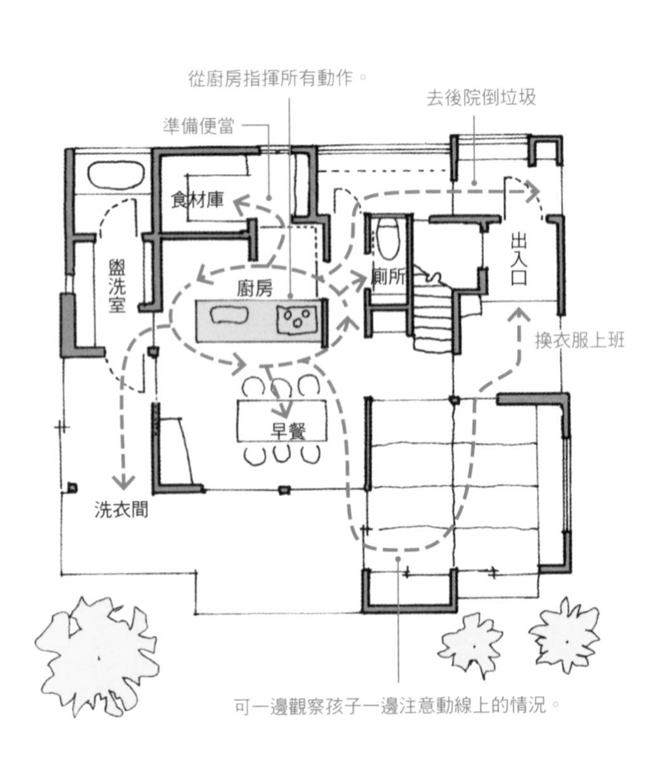

席地而坐的客餐廳

藉由挑高無樓板的空間，可以掌握二樓
兩個兒童房與一樓的廚房、客餐廳的動靜。

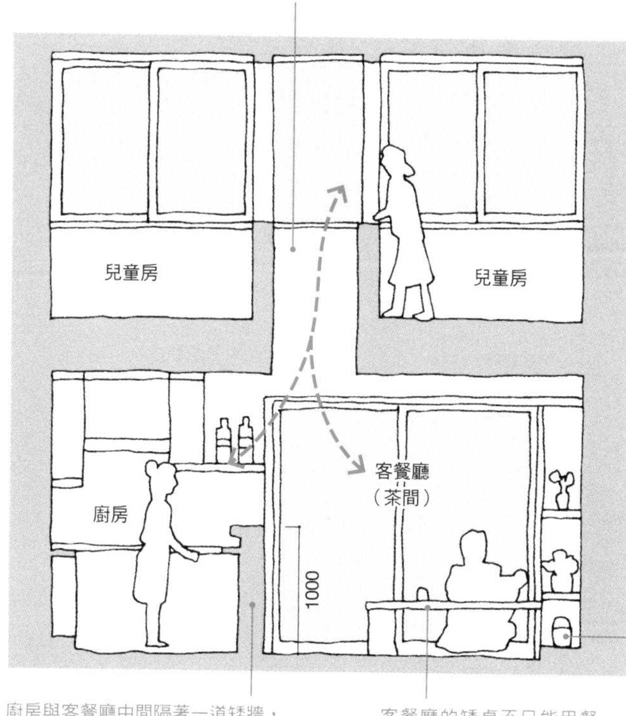

矮桌可設收納空間放些小東西。考量使用方便性，收納空間採用拉門。

廚房與客餐廳中間隔著一道矮牆，
更能營造客餐廳沉穩的氣氛。

客餐廳的矮桌不只能用餐，
還有各種功能。

善用矮桌解決小空間問題

客餐廳的舒適度並非取決於面積大小，關鍵在於是否能讓家人放鬆。傳統的日式住宅裡，有茶間（譯註：相當於現在的起居室。）這種讓家人聚在一起閒聊、吃飯的空間，其實就是一個多功能空間，之所以能發揮眾多功能就是因為在這裡可以席地而坐。藉由重現茶間的魅力，就能打造小而舒適的客餐廳。就算只是一小區木質地板，只要放上矮桌就能打造令人放鬆身心的空間。（本間）

好宅要有好廚房

廚房檯面的最佳高度為「身高÷2+5cm」，除了配合主要使用者外，考量可能會有其他人使用，故平均高度設為850mm。廚房檯面配置建議採用兩列作業台或中島型廚房。廚房內最好設置廚餘以及不可燃垃圾的暫存區，而寶特瓶等洗完之後不會有異味的垃圾則可另外放置於後院。使用頻率高的家電產品或會產生熱氣的用品最好放在通風處或抽屜櫃收納內。餐具等小物件，則使用不透明門板遮蔽，可以讓工作檯面看起來整齊清潔。

（田中）

廚房周邊的好動線

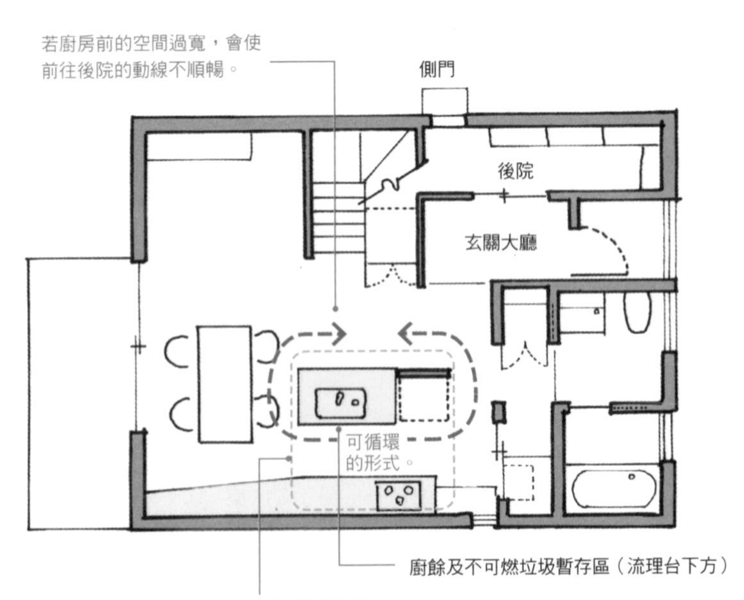

家人可以共用的桌面

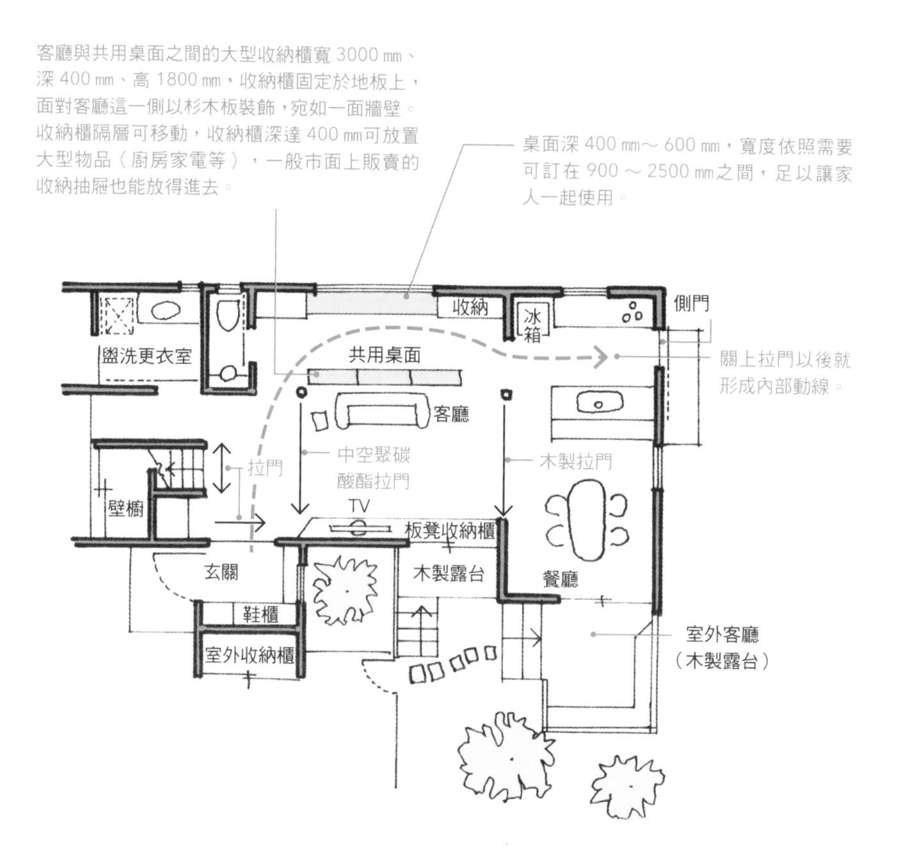

客廳與共用桌面之間的大型收納櫃寬 3000 mm、深 400 mm、高 1800 mm，收納櫃固定於地板上，面對客廳這一側以杉木板裝飾，宛如一面牆壁。收納櫃隔層可移動，收納櫃深達 400 mm可放置大型物品（廚房家電等），一般市面上販賣的收納抽屜也能放得進去。
桌面深 400 mm～ 600 mm，寬度依照需要可訂在 900 ～ 2500 mm之間，足以讓家人一起使用。
收納
冰箱
側門
盥洗更衣室
共用桌面
關上拉門以後就形成內部動線。
客廳
中空聚碳酸酯拉門
木製拉門
拉門
壁櫥
TV
板凳收納櫃
玄關
木製露台
餐廳
鞋櫃
室外收納櫃
室外客廳（木製露台）

家人一起共用的桌面

除了書房以及閱讀空間之外，如果能夠在客廳或者是餐廳的旁邊保留共用的桌面也很不錯。這個空間可以拿來寫功課、記錄家庭收支、使用電腦等等。客廳的一角如果是開放式的空間，可以用格子拉門來當作輕巧的隔間，同時也能成為內部動線的指引。桌面深400～600㎜、長900～2500㎜就能讓全家人一起使用，長度依照空間大小來決定即可。

（小野）

美好的用餐空間

本案例把二樓設計成循環式的空間。我希望能把廚房兼餐廳規劃成不只具有功能性，同時也是能好好用餐的空間。餐廳與廚房的設置需要配合每個家庭各自不同的習慣，因此需要綿密的計畫。餐桌正上方和緩的曲線與內凹的天井，形成暗架式的照明，給予空間不同的表現方式。我希望能多下工夫在一家人相處時間最長的餐桌上，讓生活更為豐富。

（宮野）

一家人團聚的溫暖餐廳

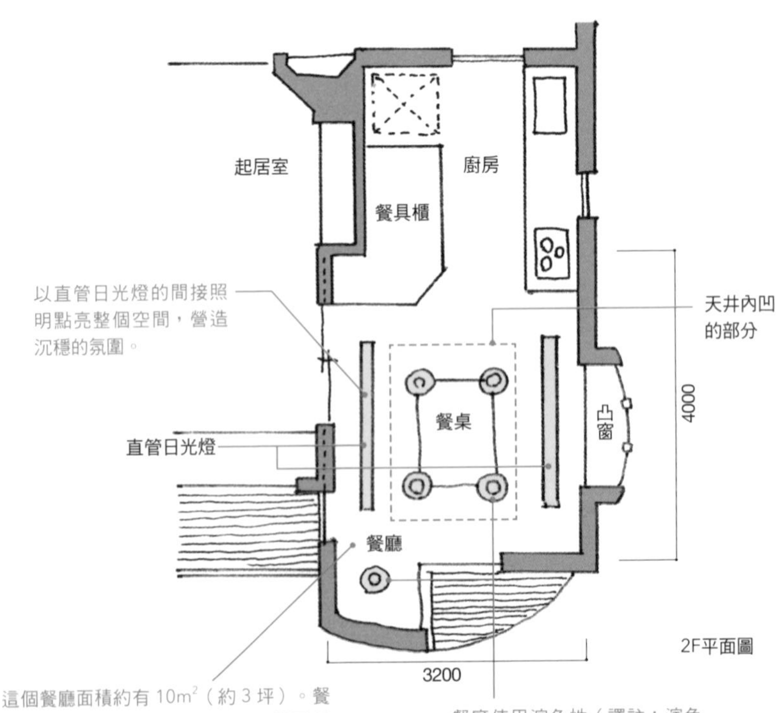

這個餐廳面積約有 $10m^2$（約 3 坪）。餐桌大小為 900 ㎜ ×1800 ㎜，一般而言一個人需要的用餐空間平均為寬600㎜、深 400 ㎜。

餐廳使用演色性（譯註：演色性高的光源對顏色的表現較逼真，眼睛所呈現的物體愈接近自然色調。）較高的鹵素嵌燈。

拉門對橫向進入的廁所有許多好處

將廁所設置為橫向進入並採用拉門，不只開關輕鬆對老年人使用上較為方便，還能減少在廁所內的活動程度，可謂好處多多。

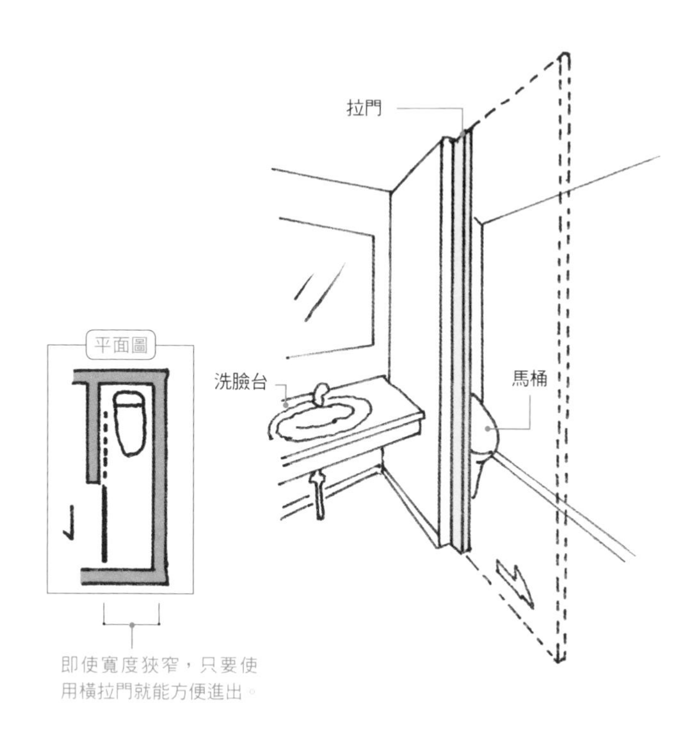

即使寬度狹窄，只要使用橫拉門就能方便進出。

廁所要使用橫向拉門

廁所當然越大越好，但空間畢竟有限，因此如何有效運用狹小空間就顯得十分重要。譬如橫向進入廁所時，採用拉門會比較適合。橫向進入廁所的好處是，當你要坐在馬桶上時不用轉180度只要側身90度即可，大幅減少在狹窄空間內的活動程度。再者，拉門在開關上比較不吃力，考量目前高齡化社會的情況，若家中有需要照護的老人，使用拉門也會比較方便。

（古川）

廁所位置很重要

廁所的平面計畫很重要，必須要安排在家人聚集的場所與走廊、盥洗室之間。另一個需要注意的重點，就是當廁所門打開的時候不能看到馬桶。當然，廁所裡還必須要預留收納備用衛生紙、清潔打掃用具等物品的空間。很多人會特別注意換氣通風的問題，不過最近已經出現很多廁所相關的便利機械，馬桶座通常有除臭功能，因此只要能從窗戶自然通風就不會有問題了。

（田中）

廁所最好與座位保留一段距離

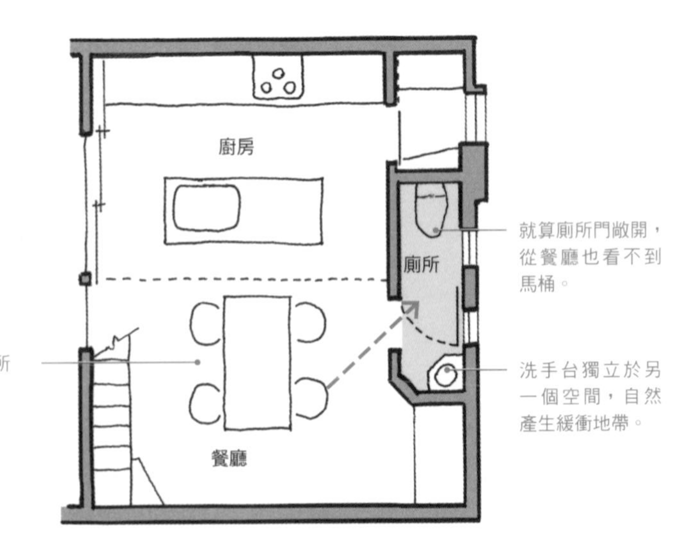

把廁所設於離餐桌一段距離，並且讓馬桶朝反方向擺放，隔一段距離再設置洗手台較佳。

使用方便不易藏污納垢，整齊清潔的盥洗室

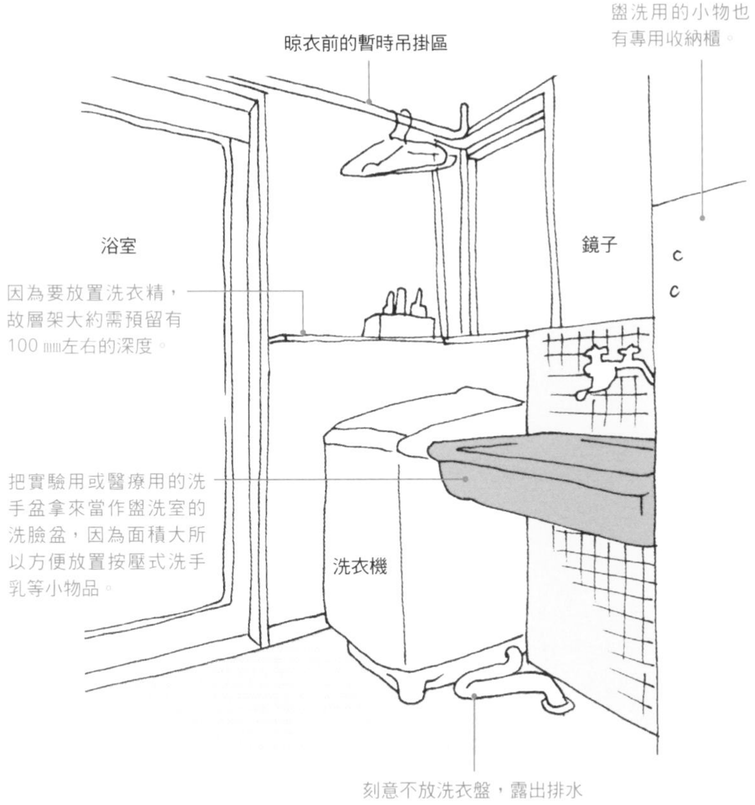

洗臉盆與洗衣機的配置

洗臉盆、洗衣機等用水區域都是生活中使用頻率很高的空間。因為會需要使用很多小物件，所以需要仔細設計。洗臉盆區域要保留毛巾掛勾、牙刷架等空間，我建議使用實驗或醫療用的洗手盆，面積大又能達到多種使用目的，直接在洗手盆裡放按壓式的洗手乳，使用上更為便利。洗衣機周邊需要保留放置洗衣精等用品以及曬衣前暫時放置衣物的空間。一般會在洗衣機下方設置洗衣盤，但洗衣機周邊往往會因此而骯髒不堪，所以我都會把洗衣機直接放在地板上，讓排水管能夠一目了然。（田中）

利用拉門提高冷暖氣使用效率

最近的住宅，無論是隔熱或氣密效果都有顯著進步。只要少量能源就能輕易讓整個家都吹到冷暖氣，單台空調就能滿足需求再也不是難事。從空調的角度來看，住宅空間配置若宛如一個大房間更能提升節能效果。外推門板雖然是經典選擇，但若使用拉門，打開不占空間又能視需求關起來。各個房間門都拉開成為一個大空間時，在任何位置都不會覺得冷了。

（松原）

有效運用拉門隔間，打造大房間式的住宅

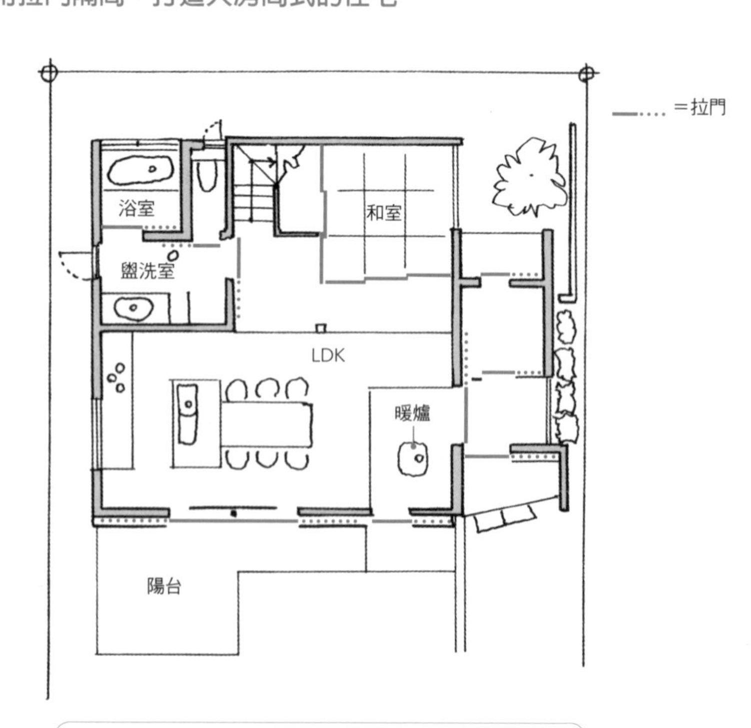

這是 2 層樓住宅的 1 樓平面圖。本案例用拉門的方式達到夏天通風、冬天薪柴暖爐為室內加溫的效果。包含廁所、浴室等室內的門扇，皆採用拉門。（2 樓也一律採用拉門）

能察覺家人活動的開放式兒童房

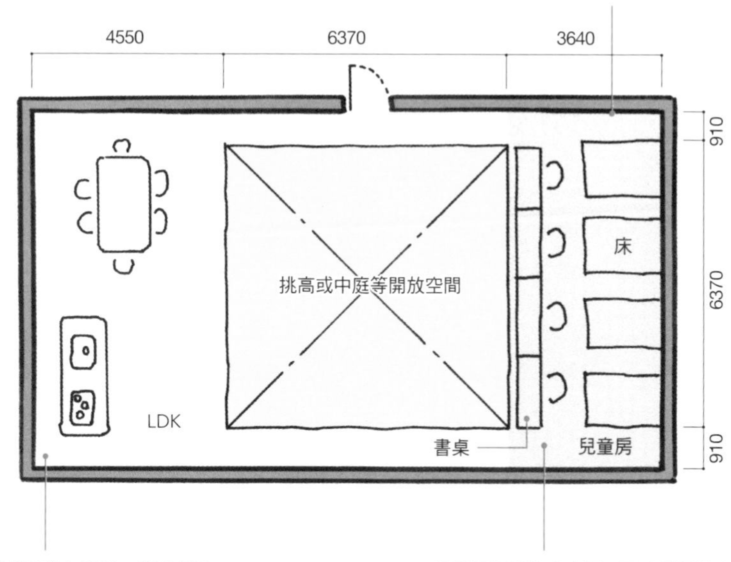

本案例的書桌與床等配置，皆由屋主的孩子互相商量而定，父母並未插手。
4550
6370
3640
910
6370
910
床
挑高或中庭等開放空間
LDK
書桌
兒童房
雙親就算在客廳、餐廳或廚房活動，也能與孩子連結。
兒童房為開放式空間，可以透過挑高與中庭看見客廳、餐廳或廚房內的狀況，孩子也容易有安全感。

打造讓孩子獨立生活的環境

什麼樣的家才能陪伴孩子成長呢？我想設計上可以分成兩種：有鞦韆或溜滑梯等局部性的設計，或者保留挑高、中庭等空間上的設計。局部性的設計雖然短時間之內就能看到效果，但整體而言，多用心在空間設計上對孩子的成長會有很大的影響。我希望兒童房並非是一個封閉的空間，而是可以透過挑高或中庭與家中的其他空間連結。家人之間雖然親密但仍需保持一段距離，不只是成人，小孩也有同樣的需求。我認為孩子在這樣的環境中成長，不僅會有安全感，同時也能培養獨立生活的精神。

（根來）

樓地板高度落差讓你看見不同景緻

本案例由東至西樓梯、走廊每塊空間差半階的高度，北面兩個大開口窗的共用空間也刻意營造高低落差，大片窗外就是運河緩緩流過的景緻。兩個大開口窗因為左右牆面，視野被切得斷斷續續，家人每日早晚都必須來來往往的走廊與階梯，在刻意打造的高低差之下，眼前運河水面的色調與光澤彷彿低速攝影一樣夢幻。今後季節與時間、天氣的變化，一定會為這個家帶來令人驚豔的美景。

（野口）

藉由地板高度與位置變化，產生令人驚豔的景緻

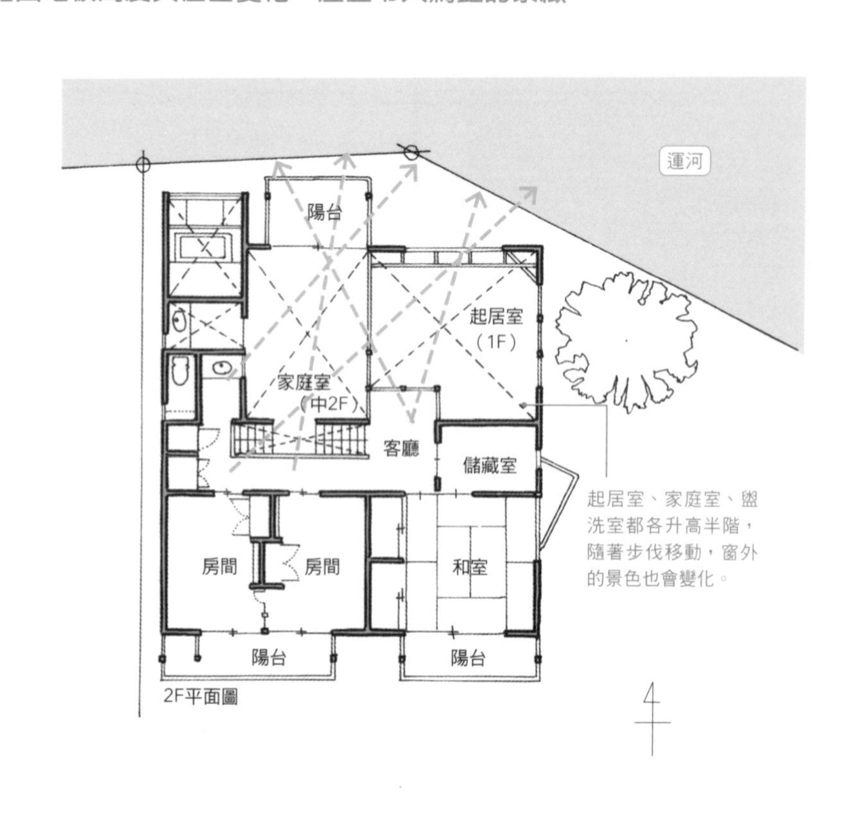

打造與室外連結的室內露台

室內露台不僅有視覺效果，還能連結室外陽台。搭配嵌燈的效果出眾，在日常生活中也能不經意地成為美麗裝飾。

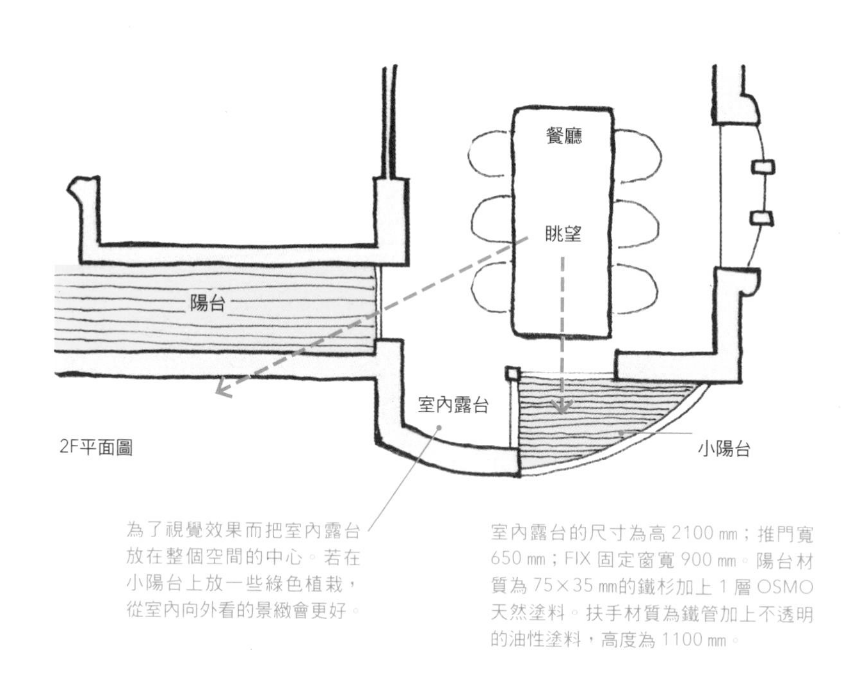

為了視覺效果而把室內露台放在整個空間的中心。若在小陽台上放一些綠色植栽，從室內向外看的景緻會更好。

室內露台的尺寸為高 2100 ㎜；推門寬 650 ㎜；FIX 固定窗寬 900 ㎜。陽台材質為 75×35 ㎜的鐵杉加上 1 層 OSMO 天然塗料。扶手材質為鐵管加上不透明的油性塗料，高度為 1100 ㎜。

利用小面積室內露台營造綠意

我刻意在二樓的餐廳配置室內露台（內凹的部分），這個露台可以和一旁的小陽台連成一線。在這裡用餐的時候，露台就像是畫框一樣，擷取外面的景色，同時又連結室外陽台的空間成為小庭院。這個空間雖然沒有特別的功能，但是從室內露台產生的情調，不僅能豐富居住者的生活也更令人感覺放鬆。

（宮野）

只要有採光井，地下室也能溫馨舒適

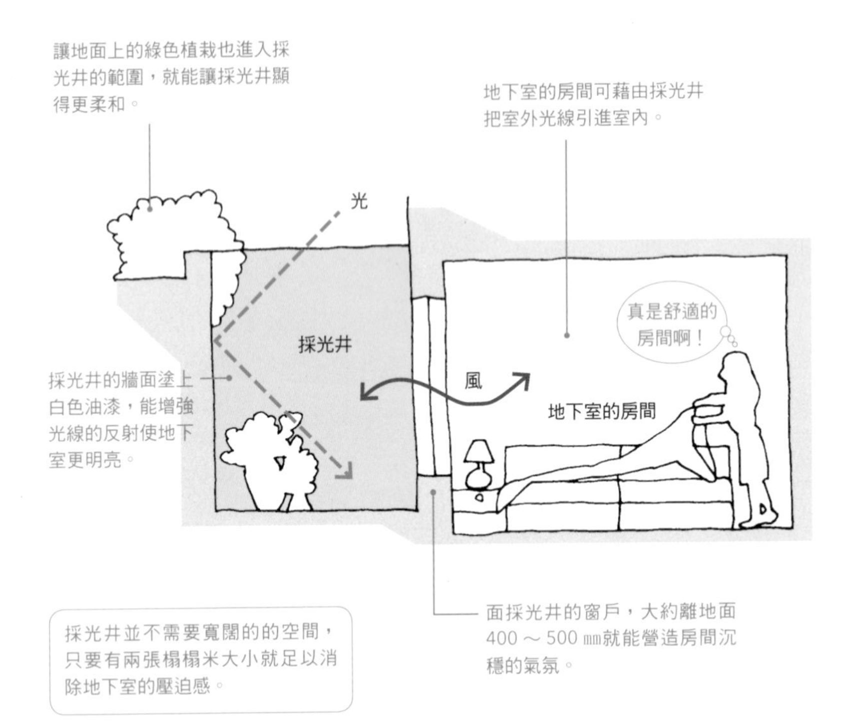

讓地面上的綠色植栽也進入採光井的範圍，就能讓採光井顯得更柔和。
地下室的房間可藉由採光井把室外光線引進室內。
光
採光井
真是舒適的房間啊！
採光井的牆面塗上白色油漆，能增強光線的反射使地下室更明亮。
風
地下室的房間
採光井並不需要寬闊的的空間，只要有兩張榻榻米大小就足以消除地下室的壓迫感。
面採光井的窗戶，大約離地面400～500㎜就能營造房間沉穩的氣氛。

地下室的房間必備採光井

有時因為樓地板面積與建地面積不足，房間不得已必須設在地下室。此時若不善加考量採光、通風與溼氣等問題，會令居住者無法長時間待在地下室。再者地下室與外界隔絕，往往會令人有強烈壓迫感。為了克服這些不利的條件，必須挖採光井保留地下室與室外的連結。地下室在面向採光井的方向開窗，就能夠連結室內與室外，令人感覺不出來身處地下室。

（本間）

閣樓一定要留窗戶

不少人對閣樓的印象就是光線昏暗、到了夏天會非常悶熱。然而，只要在閣樓裝一扇窗戶就能確保採光與通風無虞，形成舒適的室內空間。為了讓閣樓空間更為舒適，屋頂的隔熱處理必須力求完善，譬如本案例就使用雙層高效能隔熱材施工。另外，閣樓位於住宅最高處，只要在閣樓開一扇窗就能讓室內空氣流動、循環，可謂好處多多。

（丹羽）

閣樓的施工重點在於隔熱

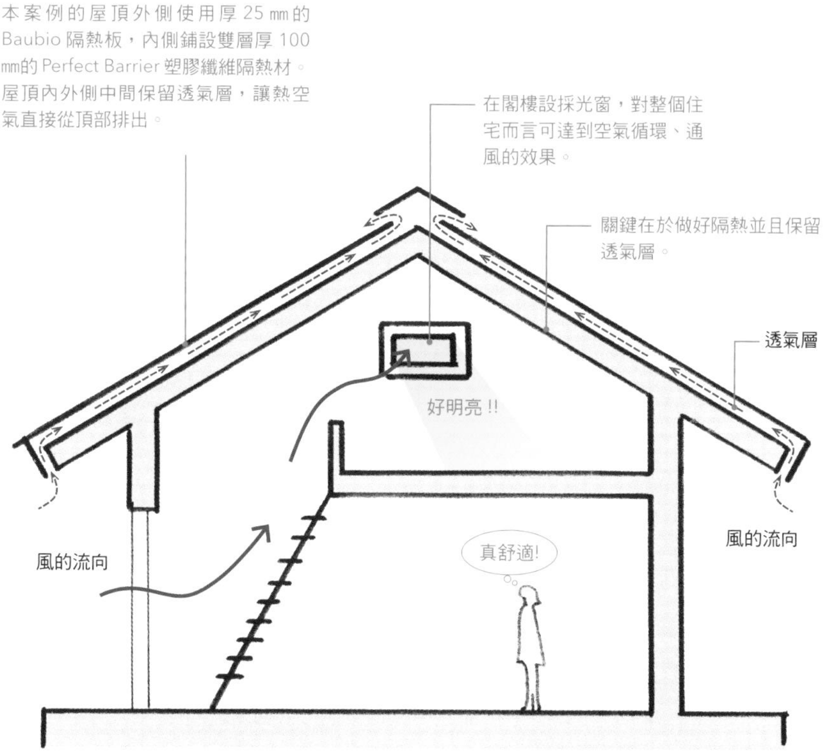

活用多功能家事空間

提高做家事的動線功能是規劃住宅時的基礎。為了減輕家庭主婦的負擔，將廚房與家事空間（家事室）放在一起，縮短做菜、洗衣、晾衣的動線，就能提高做家事的效率。另外，不要忘記多設一個作業台，方便暫時放置採買回來的食材或洗衣精、小物品、毛巾等，還能成為熨燙衣物的空間。規劃家事空間時，最重要的是必須在保護隱私的前提下確保有充足的日照與通風，才能在天氣不好的時候也能拿來晾曬衣物。

（宮野）

家事空間需考量動線

典型的設計模式為可循環式設計。本案例挖空心思讓每個空間都沒有死角，發揮各自的功能之外還能營造出令人安心的感覺。

這個作業台能熨燙衣物或摺衣服，天氣不好時也能成為曬衣服的地方。

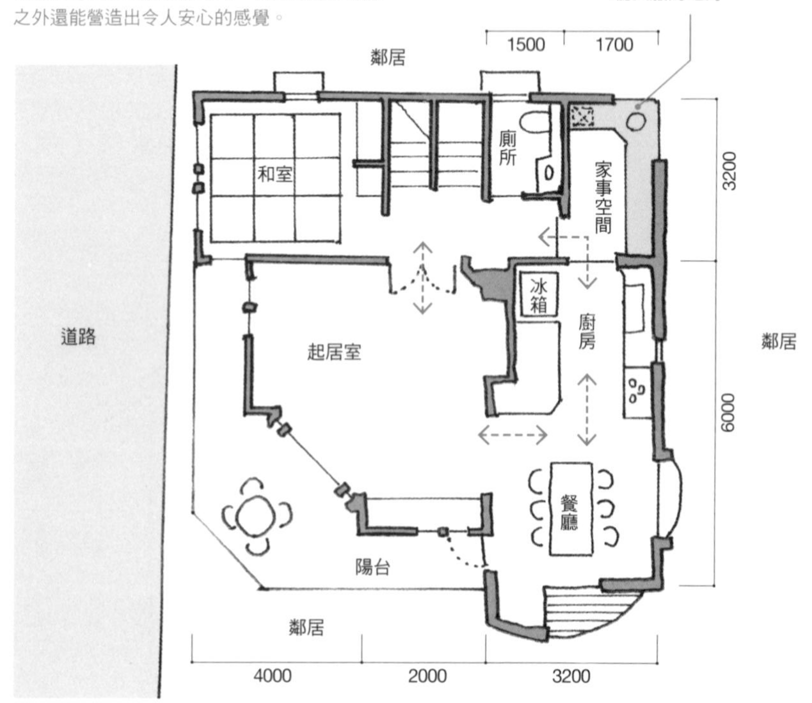

規劃家事空間時，最重要的就是必須仔細考量洗衣、料理、倒垃圾等動線。

利用墊高的榻榻米空間，打造慵懶舒適的生活

本案例使用無邊的琉球榻榻米，尺寸為 910×910 ㎜。榻榻米區架高 400 ㎜，高度剛好也可以當作椅子。廚房作業台高度離地面 700 ㎜，由於廚房側的地面下降 150 ㎜，故廚房實際離地高度為 850 ㎜。無論是當作餐桌還是廚房的作業台，都是相當合適的高度。

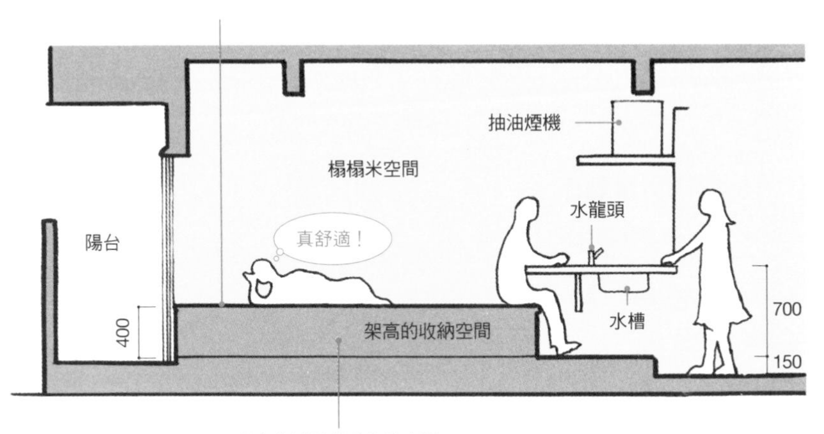

架高的範圍做成收納空間。

墊高榻榻米打造收納空間

不少人會利用墊高的榻榻米空間來增加收納量。除了功能性的目的外，我希望還能夠做到讓居住者能夠舒適地運用榻榻米空間。譬如在架高的榻榻米空間對面設置廚房，不把餐桌當作廚房的附屬品而是以餐桌為主軸設計，不只能增加家人之間的交流，還能省下購買高價餐桌的費用。做好的料理直接放在餐桌上，用完餐馬上放入流理台，只要轉身就能躺在榻榻米上休息。這樣的動線設計，讓生活慵懶舒適。

（根來）

水池規劃深度為 20 ～ 100 ㎜。為了達到防水功能，先以 100 ㎜厚的水泥台為基底，窗台下有放水孔。水泥台上先以鏝刀抹防水砂漿，並塗兩層人造樹脂以及壓克力聚脂塗料。

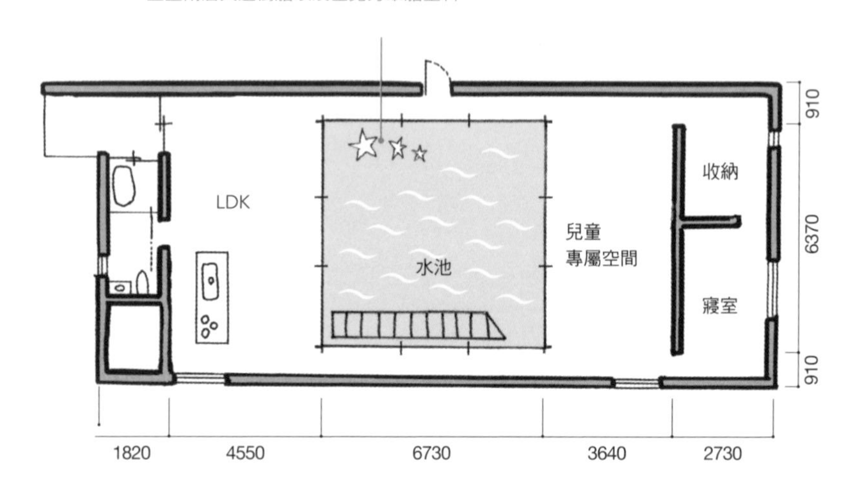

室內水池輝映夢幻照明

水池使住宅能在夏季引入清涼的風，對孩子而言也是最佳的遊樂場。除此之外，白天倒映藍天白雲，夜晚又能在水面上看見月亮與星空。不僅如此，室內照明也會映照在水池與玻璃窗上，閃亮亮地光線折射醞釀出夢幻的住宅空間。這個水池映照著這家人的夢想。屋主對水池的清理不以為苦，反而說打掃水池已經變成家人之間重要的溝通場合。

（根來）

第3章

有品味的收納空間

成也收納，敗也收納。收納空間雖然不是住宅的主角，但卻是決定居住品質的一大關鍵。

在適當的位置設置大小合宜的收納空間，就能輕鬆整理居家環境。本章將介紹考量整體住宅的機能型、智慧型收納以及讓居住者能樂於整理居家環境的案例。

這一些「收納」的案例都各有風格而且匠心獨具，匯集了設計師們的巧思。

（伊澤）

廚房收納規劃

廚房內需要擺放眾多食材、調味料、餐具以及家電類產品，設計不只追求美觀也必須具備功能性。根據居住者的習慣不同，餐具、家電的用量與種類也會產生差異，因此需要食材庫與垃圾暫存區等各種收納空間。家電類的產品必須確認尺寸大小與必備的功能（譬如散熱或散蒸氣），而日常使用與特別節慶使用的餐具類別不同，收納位置或收納方法必須隨之調整。

因此，我通常會善加考量居住者的生活風格，再進行廚房的收納設計。（宮野）

配合生活風格的收納計畫

展示型、功能型的收納等與日常生活息息相關的餐具櫃，必須仔細設計。

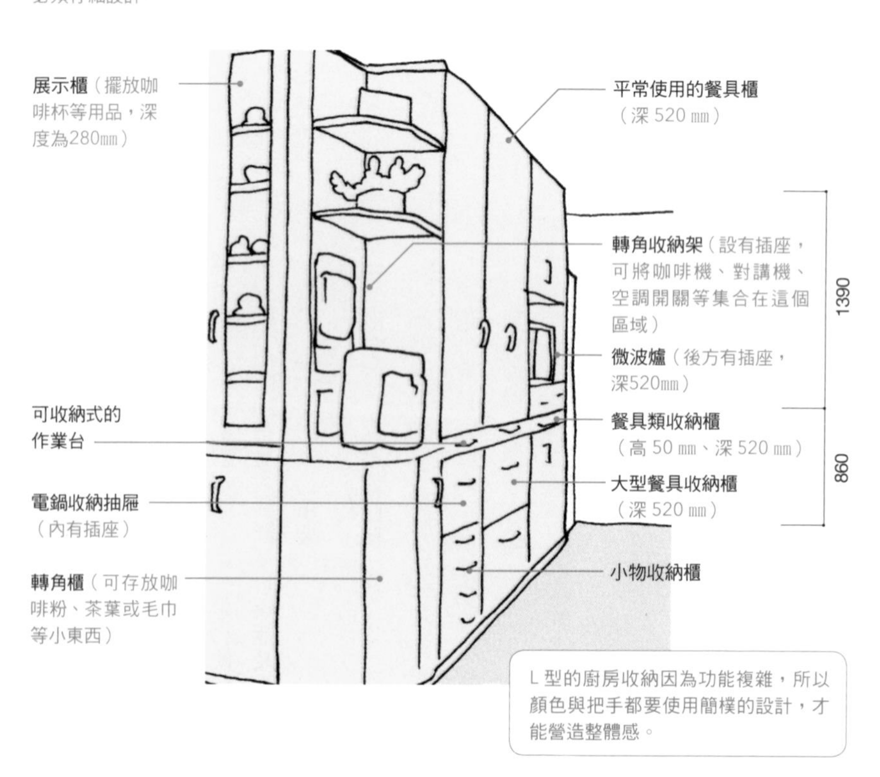

L型的廚房收納因為功能複雜，所以顏色與把手都要使用簡樸的設計，才能營造整體感。

有拉門的吊櫃可以隔絕油煙與灰塵

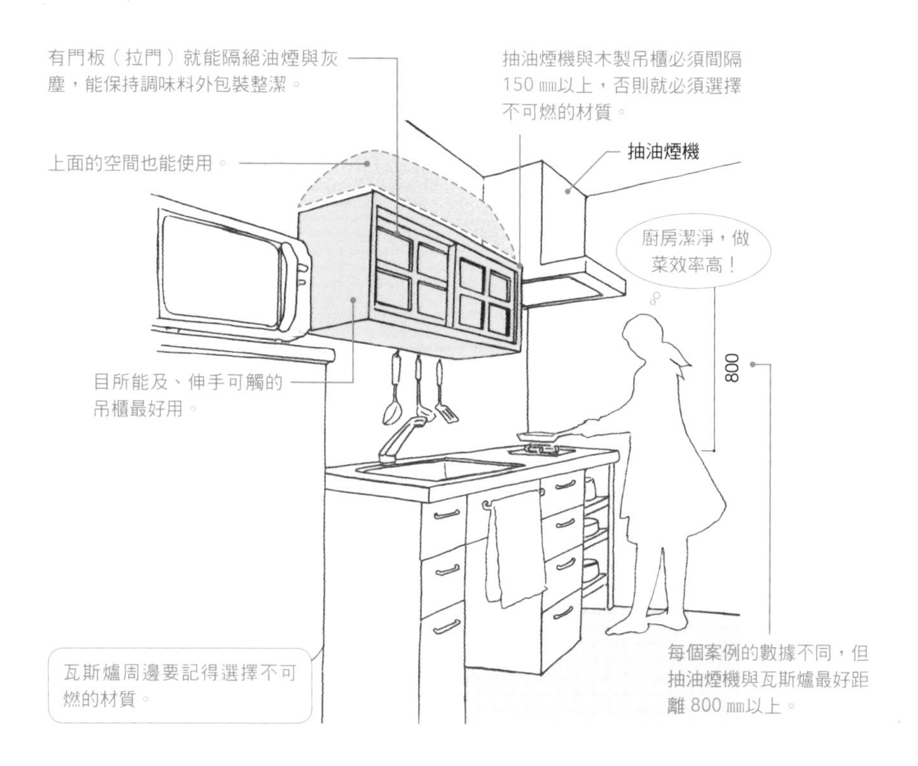

廚房吊櫃選擇 拉門型

流理台上的吊櫃對廚房是否便於使用，有莫大影響。目所能及、伸手可觸的區域是最重要的收納空間。流理台上方的吊櫃是為了隔離油煙與灰塵而設，因此吊櫃必須裝上門板。門板最好使用拉門，打開時人不需要後退還能繼續站在吊櫃前作業。吊櫃裡可以擺放做菜時經常使用的東西，拿取非常方便。根據高度不同，吊櫃上方的空間也可以當作開放式收納使用。尤其是在廚房作業台不夠大的時候，不妨有效利用吊櫃。

（伊澤）

精準計算收納櫃的深度與層板分隔

家中若有食材庫與玄關收納空間，廚房、玄關就算有點狹小也不會顯得散亂，所以我建議最好用心規劃。為了有效利用劃分出來的收納空間，必須仔細商討收納層架的深度與分隔方式。如果層架深度達300㎜就過深了，食品類的商品只要重疊收納，往往會因為看不見而超過有效期限。層架高度若未妥善規劃，就會出現只差不到五公分但東西就是放不進去的情形。因此，規劃收納空間時，必須把收納的物品列出清單，確認需要多深才能讓物品排成一列高度又剛剛好。

（菊池）

配合收納物品的完美層板分隔計畫

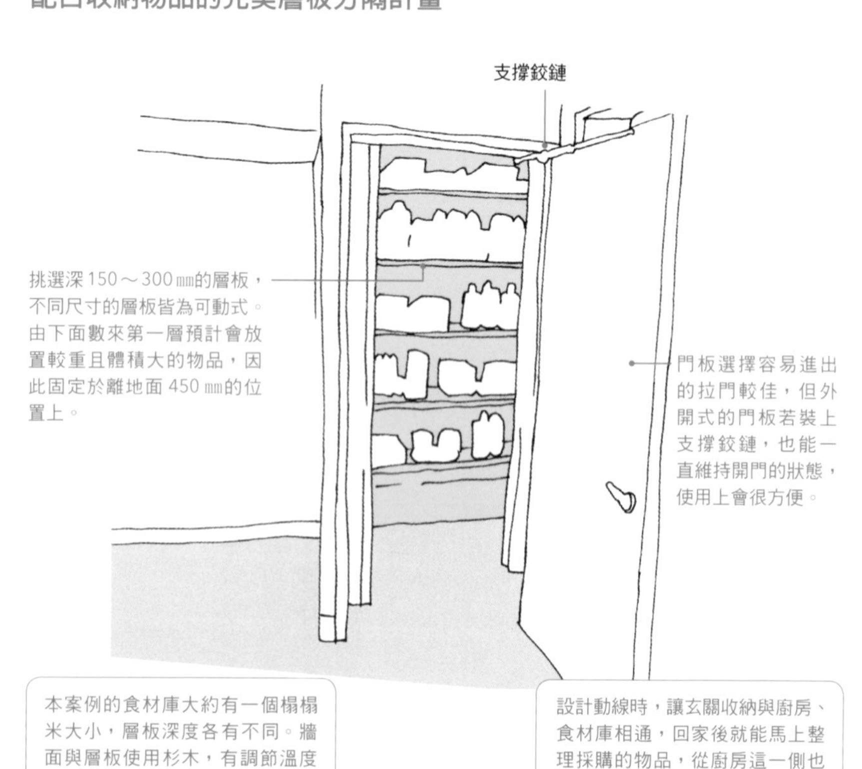

挑選深150～300㎜的層板，不同尺寸的層板皆為可動式。由下面數來第一層預計會放置較重且體積大的物品，因此固定於離地面450㎜的位置上。

門板選擇容易進出的拉門較佳，但外開式的門板若裝上支撐鉸鏈，也能一直維持開門的狀態，使用上會很方便。

本案例的食材庫大約有一個榻榻米大小，層板深度各有不同。牆面與層板使用杉木，有調節溼度的效果。左邊的空間預計放冰箱。

設計動線時，讓玄關收納與廚房、食材庫相通，回家後就能馬上整理採購的物品，從廚房這一側也好拿好收非常方便。

活用市售菜刀架

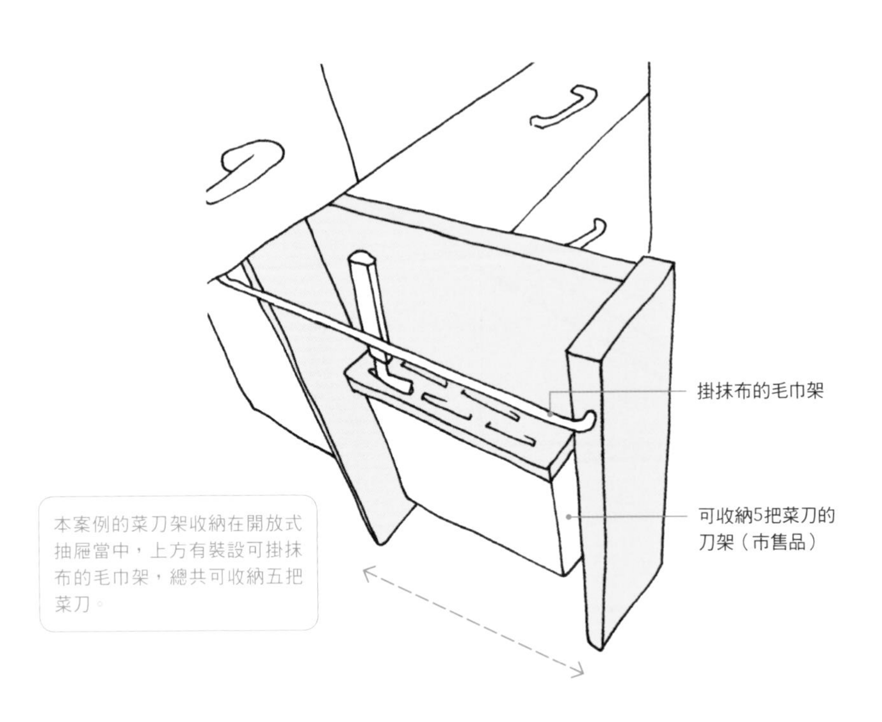

本案例的菜刀架收納在開放式抽屜當中，上方有裝設可掛抹布的毛巾架，總共可收納五把菜刀。

預留菜刀的收納位置

廚房作業台以及流理台大多是訂製而非市售的家具，但收納菜刀意外地卻很難處理。此時，我建議可以在流理台下方做一個長條型的單側開放式抽屜，再把市面上販賣的菜刀架放進去。因為抽屜呈細長形，拉出來也不會妨礙到動線，收納進流理台的下方之後，兒童也不容易拿取。另外一個好處是，開放式的抽屜通風良好，就算菜刀潮濕也能夠自然乾燥。

（松原）

不會直接看到打掃工具的廁所收納法

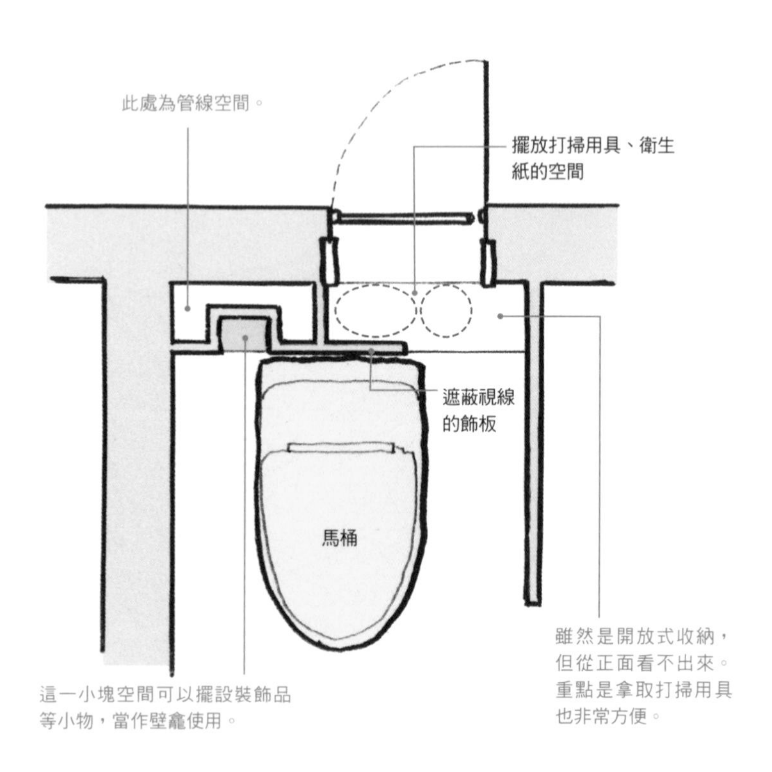

此處為管線空間。
擺放打掃用具、衛生紙的空間
遮蔽視線的飾板
馬桶
這一小塊空間可以擺設裝飾品等小物，當作壁龕使用。
雖然是開放式收納，但從正面看不出來。重點是拿取打掃用具也非常方便。

廁所收納規劃

我想在廁所裡收納衛生紙與打掃用具等雜物，但又不想被客人看到。通常在一個榻榻米大小的空間裡設馬桶之後，只剩下長邊還有空間能夠收納。馬桶後方的空間很難收納，但若可以用飾板遮住一半的牆面，就能在馬桶後方橫向收納，衛生紙等備品好拿好補充，從正面又看不出來收納空間，可謂一舉數得。左側可當作管線空間，右方的收納沒有門窗密閉，好處是空氣流通的狀態下清潔用具也很容易自然乾燥。

（松原）

選擇使用「專家級壁櫥」

每次要拿壁櫥裡最下面一層的棉被，總是必須把上層所有棉被移開。為了避免這種狀況，壁櫥不要只分上下兩層，依照用途多分幾層會比較好。若為多層壁櫥，就算要拿最下層的棉被也不需要費心勞力，而且還能讓棉被保持蓬鬆狀態。這個多層式壁櫥是我在改建住宅時，經營棉被店的屋主教我的「專家級壁櫥」。層數依照家庭人口決定，如此一來就能各自擁有專用的棉被櫃，好拿好放運用自如。

（丹羽）

壁櫥不要只分上下兩層！

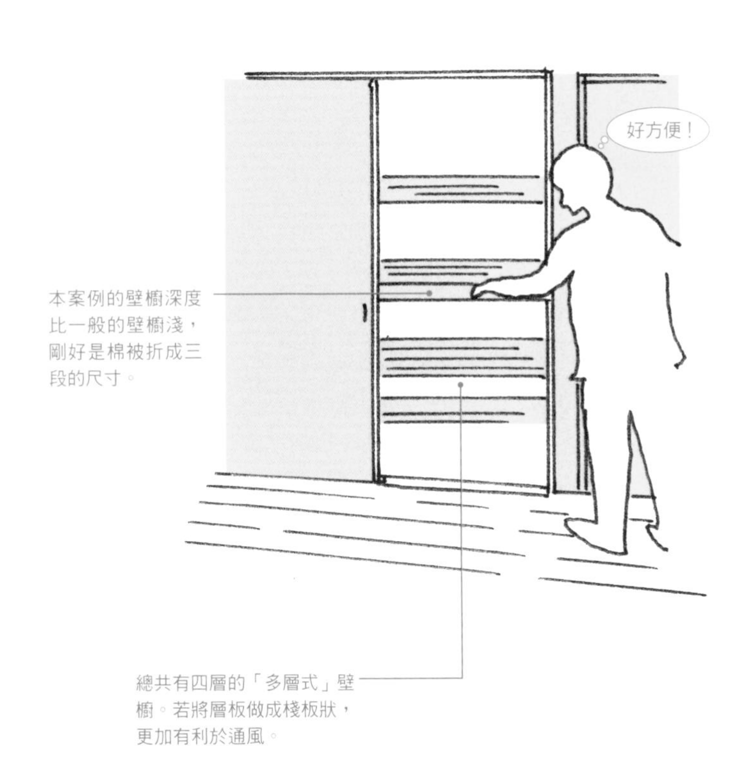

本案例的壁櫥深度比一般的壁櫥淺，剛好是棉被折成三段的尺寸。

總共有四層的「多層式」壁櫥。若將層板做成棧板狀，更加有利於通風。

展示型收納的重點在於物品大小

據說平均一個人會擁有12雙鞋子。本案例為了盡可能收納更多的鞋子而做成層架式。我希望鞋子盡可能地保持乾燥，所以不用鞋櫃而是用外露式的收納庫。在樓梯下方規劃收納庫，可以掛雨傘或雨衣，十分方便。除此之外，收納衣物的衣帽間必須有足夠的面積讓人在裡面走動。規劃可收納摺疊衣物的層架與可吊掛衣物的不銹鋼掛衣架，壁櫥層架要設計為棧板狀，以便收納冬天的厚重棉被。如果擔心衣服會沾染灰塵或變色，建議裝設可偵測濕度的通風扇。

（田中）

物品種類相同的話，採用外露式收納也無妨

衣帽間內收納衣物、毛巾、舊報紙、吸塵器、棉被、日本娃娃、電風扇……等雜物，徹底考量合適的位置與面積、哪個位置應該放什麼才是關鍵。

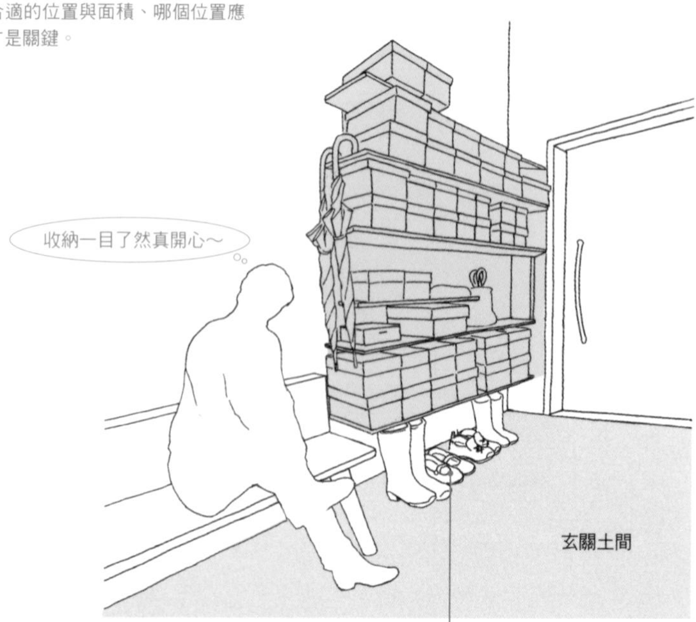

同種類的物品，就這樣直接收納也無妨。尤其是鞋子最好放在通風處比較不會發霉也較好整理。

推薦牆面收納給不善整理環境的你

本案例是從地板到天井，門板高達 7m 的牆面收納。在決定設衣帽間之前，不妨考慮只要打開門就能一目了然的牆面收納。

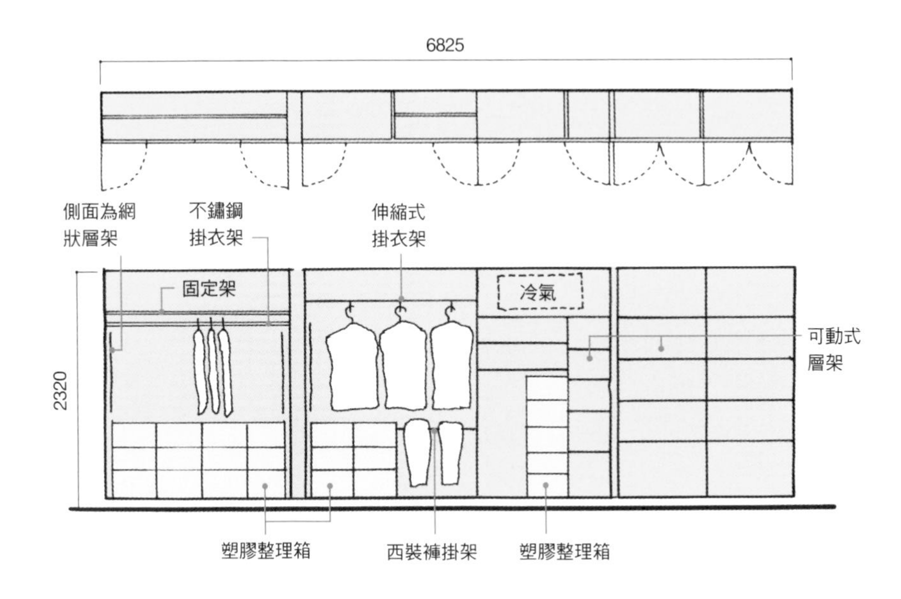

大容量的牆面收納法

衣帽間最近很受歡迎，但對於居家環境狹窄又不善整理環境的人而言，我認為利用牆面收納較佳。衣帽間意味著必須要有人可以走動的空間，因此也會產生住宅面積的浪費。若是衣帽間的收納計畫合宜還說得過去，但往往很少有人會仔細規劃收納，只是保留大片空間導致日後難以整理。然而，牆面收納只要打開門就能一目了然，就算事後規劃也能有效地運用收納空間。

（根來）

令人情不自禁想裝飾的小巧思

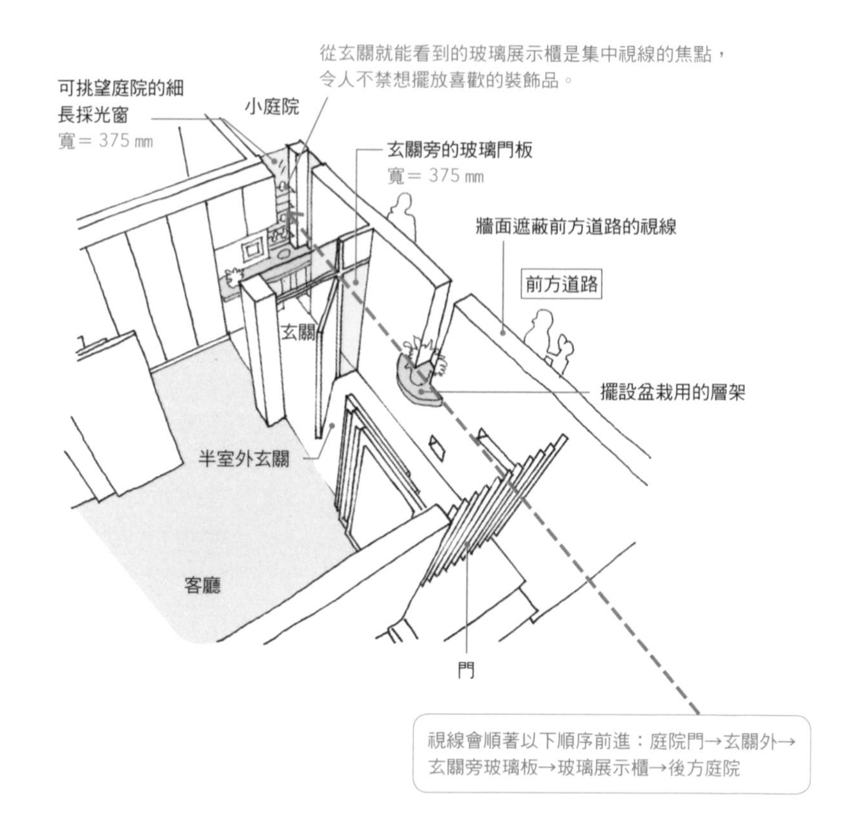

小裝飾提升住宅品味

讓居住者樂於裝飾自己的家，不僅能豐富生活還能帶來溫馨的氛圍。我認為如果有空間能夠展示旅行時買回來的裝飾品或者自己做的手工藝品、孩子的創作，住宅就能記錄家人之間的回憶，令人久久難以忘懷。我在每天會使用的玄關與客廳附近保留會讓人想動手裝飾的空間，引出居住者「想裝飾看看」的慾望。

本案例在進入庭院門之後，從半室外的玄關就能瞥見玻璃製的展示櫃，進入玄關時，展示櫃後方與側邊透進室外自然光線，令人自然而然就會朝這個方向看過去。

（白崎）

質感好的格子狀書櫃

屋主一家人喜愛閱讀，因此在半地下室的圖書館空間打造了大型書櫃。家中成員各種不同尺寸或顏色的書，往往讓室內裝潢顯得雜亂無章。

因此，我選擇用整齊的格子狀書櫃統一裝潢調性。為了強調格子狀的穩重感，刻意挑選偏厚的30㎜板材。這面書牆不經意地顯示其存在感，成為家庭生活的背景家具。（村田）

以高至天井的格子狀書櫃為裝潢中心

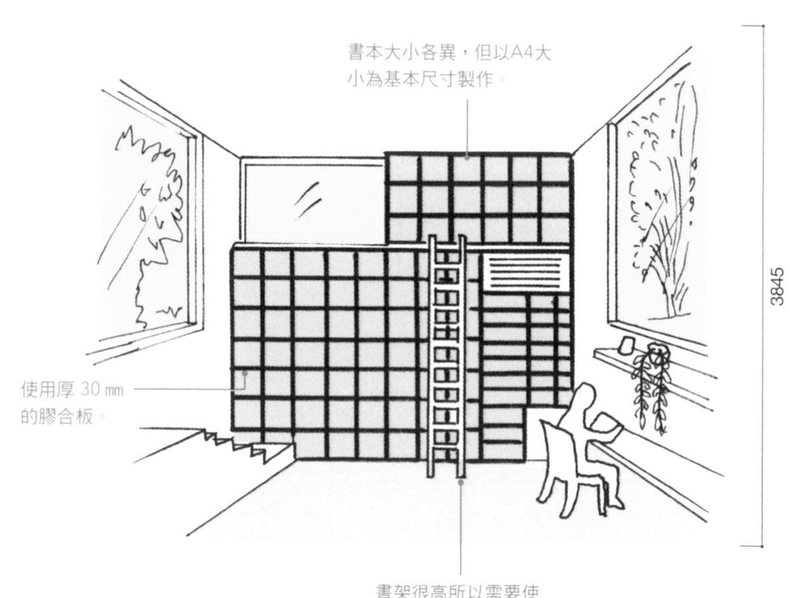

書本大小各異，但以A4大小為基本尺寸製作。
3845
使用厚 30㎜的膠合板。
書架很高所以需要使用可移動的爬梯。

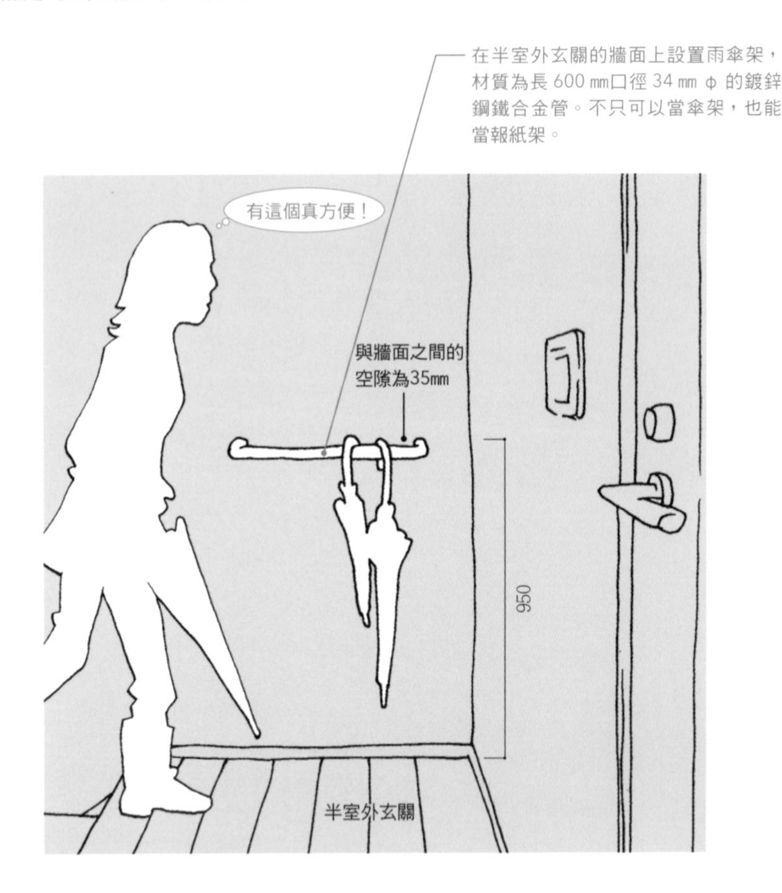

在半室外玄關的牆面上設置雨傘架，材質為長600㎜口徑34㎜ φ 的鍍鋅鋼鐵合金管。不只可以當傘架，也能當報紙架。
有這個真方便！
與牆面之間的空隙為35㎜
950
半室外玄關

未雨綢繆保留傘架空間

您會不會也常常在下雨天回到家時，煩惱傘該放哪裡呢？為解決這個問題，有時候我們會買市售的傘架，放在玄關或玄關外。然而，雨傘在潮濕的狀態下擠在一起，容易發臭或發霉，甚至造成傘面纖維變色。因此，我建議事先在玄關外裝設掛雨傘的架子。如此一來，不只可以輕鬆掛傘，到了梅雨季節需要頻繁用傘時也不必煩心。這樣的設計，不到下雨天就感覺不到它的存在，需要時又能派上用場十分方便。

（白崎）

第4章

有品味的材料與設備

設備與照明燈具的型錄年年都會更新。每項產品都講究節能、安全或有新功能，但我認為設備不應該只看規格有多先進。

在哪裡使用什麼樣的光線？怎麼做才會令居住者感到舒適？什麼設備放在哪裡用起來才順手？這些其實並不困難。最重要的細節都隱藏在最普通而且最簡單的事情裡。

或許很難用文章或圖畫傳達，但這些最平凡的小事往往能提高我們的生活品質。

（伊澤）

客廳照明設計可調節亮度

客廳照明我建議盡量選擇可調整亮度的「調節式照明」。無論天氣好壞客廳都需要照明，而且白天晚上適合的亮度也都不同。譬如多人聚集在一起工作的時候就調亮一點，看電影的時候就調暗一點，根據生活場景變換照明亮度也需要調整。除此之外，就算不使用調節式照明，也可以利用窗簾或者日式拉門來改變光線亮度。

（伊澤）

燈不是越亮越好？

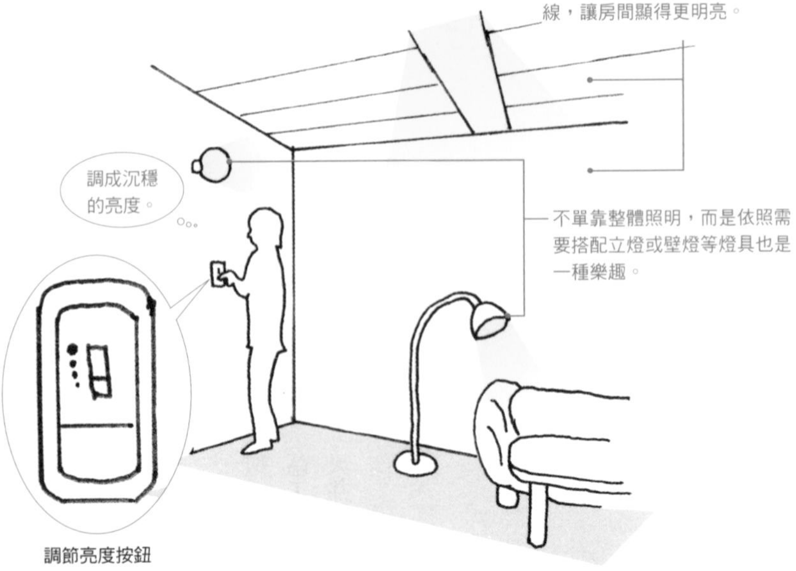

常常會有屋主說：「我喜歡明亮的空間。」其實，明暗對比平衡才是最重要的。譬如夜晚的照明偏暗才會有沉穩的氣氛。

照明不要只靠天井燈

不使用天井燈，就能關掉不需要的照明，
也能達到節電的功效。

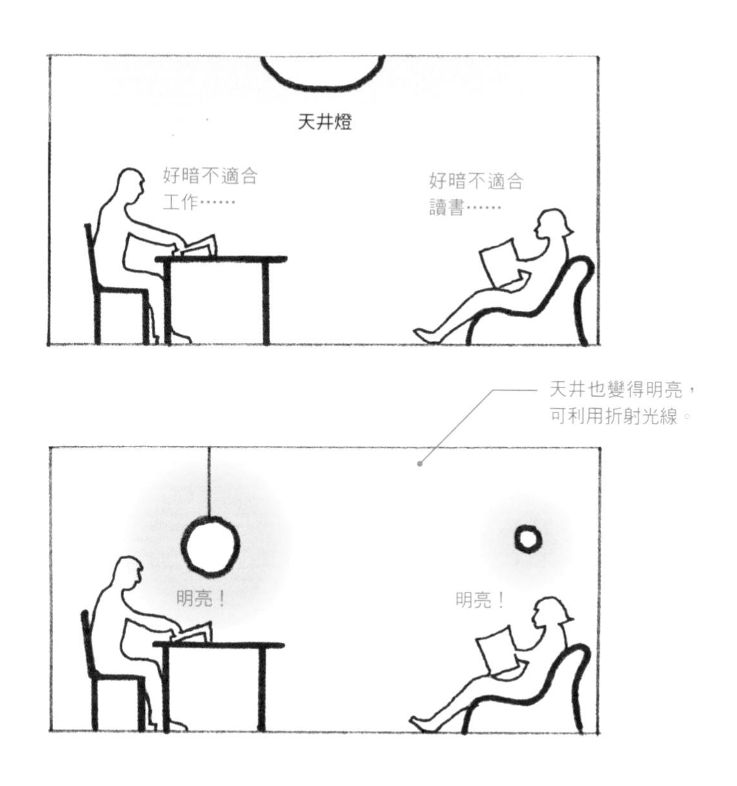

依需要在不同位置設置燈光

照明燈具通常設在房間的中心。尤其在日本有很多住宅都使用天井燈，但坐在沙發區看書或者在書桌區工作時，往往會覺得家裡很暗。天井燈就像上圖一樣，照亮整體空間，最亮的地方卻常常沒有人。因此，居住者才會覺得自己家裡很昏暗。若能配合使用者所在的地點，將照明分散至牆面或天井，就能產生折射過的柔和光線。除此之外，照明只用在需要的地方也能達到節電的功效。

（丹羽）

玄關處的間接照明

近幾年因為提倡無障礙空間的關係，設計住宅時通常都會盡量減低玄關至樓地板的高低差。然而，日本住宅自古以來就有故意拉高三和土玄關與木地板高低差的習慣，這是為了讓主人能夠正襟危坐迎接客人而採用的設計。若依循古禮打造玄關，即便在現代也能營造高級感。

架高的木地板下方可以放置剛脫下的鞋子，讓玄關看起來整潔不雜亂。玄關加上間接照明打亮腳下的空間，不只能夠讓氣氛更好，也可以提高行走時的安全性。

（根來）

玄關框下方的間接照明，讓腳下的空間亮起來

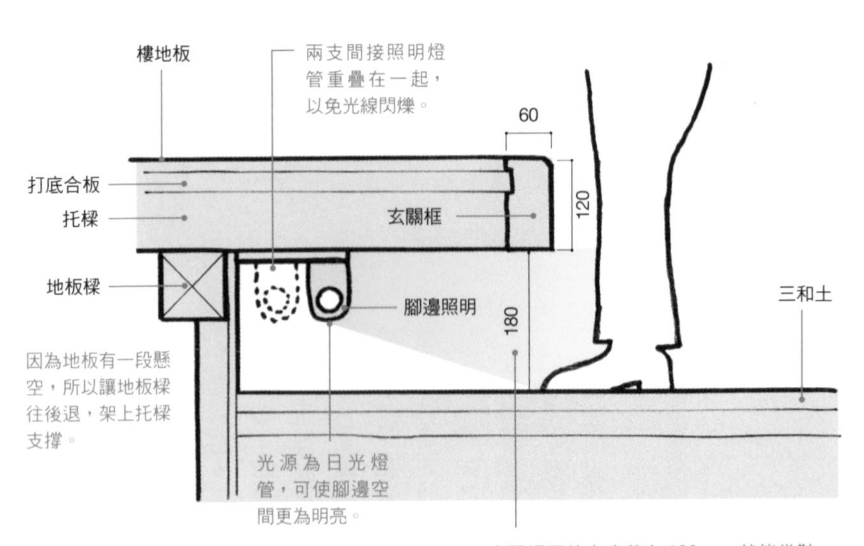

樓地板
兩支間接照明燈管重疊在一起，以免光線閃爍。
60
打底合板
托樑
玄關框
120
地板樑
腳邊照明
180
三和土
因為地板有一段懸空，所以讓地板樑往後退，架上托樑支撐。
光源為日光燈管，可使腳邊空間更為明亮。
玄關框下的高度若有180㎜，就能當鞋櫃用了。而且，玄關框不只能讓人坐下來穿脫鞋，若有訪客也能當板凳坐著聊天。

固定鏡的位置與沒有陰影的照明是關鍵

為了不讓使用者在照鏡子時臉上產生陰影，照明最好打在臉部正面。本案例的照明燈源有 2 個，為了不讓臉上產生陰影，從兩側投射光線是最佳選擇。也就是說，配置有如後台休息室的化妝間一樣。一般住宅可能不需要做到這種程度，所以我會使用 2 個燈泡或日光燈來當作照明燈具。

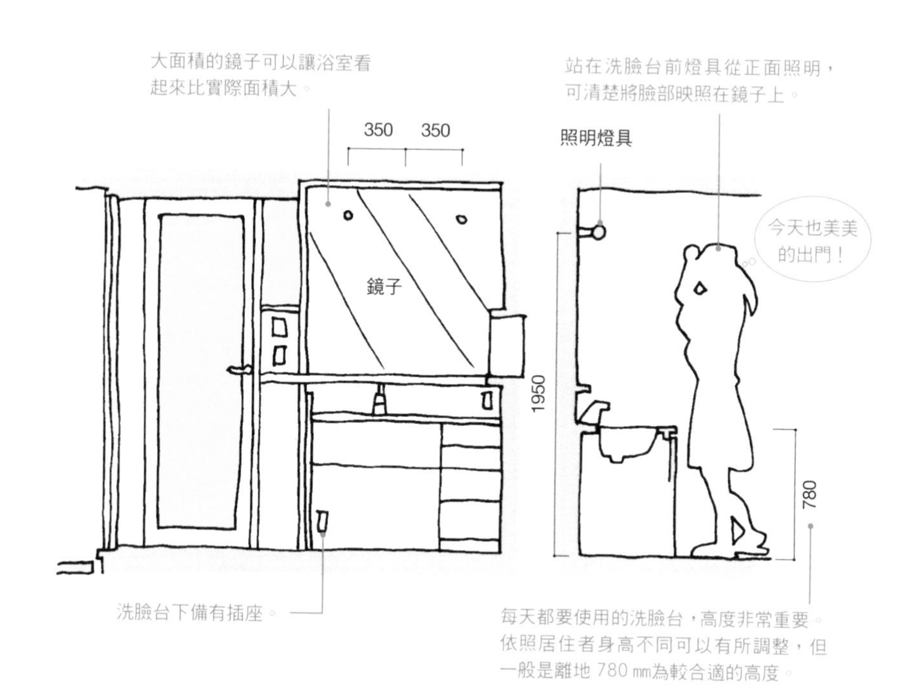

大面積的鏡子可以讓浴室看起來比實際面積大。
350
350
鏡子
站在洗臉台前燈具從正面照明，可清楚將臉部映照在鏡子上。
照明燈具
今天也美美的出門！
1950
780
洗臉台下備有插座。
每天都要使用的洗臉台，高度非常重要。依照居住者身高不同可以有所調整，但一般是離地 780 mm為較合適的高度。

盥洗室的鏡子與照明位置

一般而言，住宅裡都會有不少鏡子。手拿鏡可以移動到明亮的地方使用，但固定在建築物上的鏡子就必須考量光線（自然光、照明），否則可能會用起來不順手。盥洗室最常使用固定鏡，通常大家都會在盥洗室刷牙、更衣、化妝，這裡的固定鏡主要用來映照臉部，因此照明位置必須能讓人看清楚臉部才行。我認為照明燈具必須裝設在盡量不讓臉上產生陰影的位置。

（本間）

選擇不顯眼的照明燈具

想提升亮度，只要將小型燈具的數量增加即可。

嵌燈使用口徑80～90㎜φ左右的產品。口徑小存在感薄弱，更能展現天井的整體感。
選好位置投射嵌燈，刻意營造有陰影的照明。如此一來，反而更能彰顯這支花瓶的存在感。
200
250
如果需裝設多個嵌燈，其間隔長度非常重要。通常都不會間隔太遠，大多維持在200～250㎜左右。
感覺室內空間好清爽！

小尺寸照明的妙用

規劃照明時，最令人在意的就是燈具的尺寸。尤其是嵌燈，我都盡量選擇小尺寸的燈具。天井面積小的走廊與廁所，如果裝設過大的坎燈會令人有壓迫感。然而，小尺寸的照明燈具多半亮度較弱，所以在天井面積大的客廳，我會集合多個小型照明來確保有足夠的亮度。照明設計的關鍵在於利用小型燈具，讓天井看起來更加柔和亮麗。（石黑）

減緩玄關的高低落差

由於日本推行長期優良住宅法（譯註：2009年開始推行的「長期優良住宅法」目的在於延長住宅壽命，減少房屋因損壞、拆除而產生的浪費。）導致住宅地基越做越高，但地基高也有不少壞處，譬如從室外進到室內會產生高低差。施做地檻與土間時，必須注意防雨構造。為了不讓雨水進入屋內，從玄關進入大廳時不要只分一段，而是分兩段設計。第一段的門檻保留一層階梯的高度，可以當作穿鞋椅使用。假設總高低差為330㎜，那麼門檻部分可以分為165㎜×2段。除非有特別原因，否則一般都是以這個尺寸施做門檻。

（松澤）

使用門檻減少高低落差

防風用拉門

玄關框

門檻

玄關土間

土間所使用的鋪設材質為新潟縣阿賀野市的村秀鬼瓦工房所製作的瓦片，工房使用傳統的安田瓦製作鋪地用瓦片。進入土間後，首先會看到原木板材的門檻以及冬天避風用的拉門。

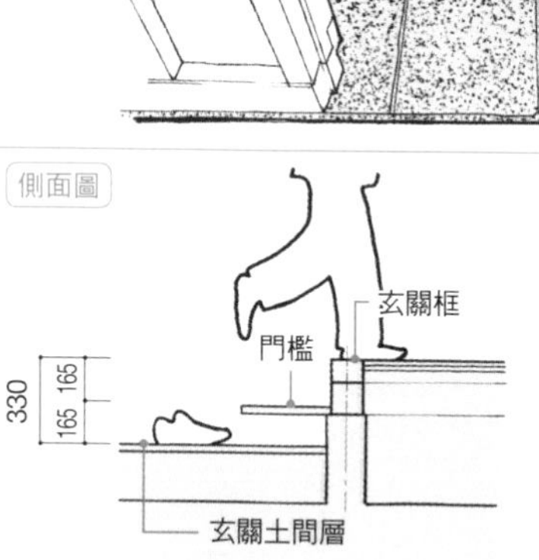

進入室內之前設置門檻，從玄關土間到室內地板分成165㎜（16.5cm）兩段。玄關框的高度為330㎜（33cm），分成2段高低差變得和緩較容易使用。

使用厚度達30㎜的杉木板

原木地板的好處在於光腳踩在地板上的絕佳觸感。尤其是像杉木這類的針葉樹木，材質柔軟觸感一流。一般而言，原木地板都會使用厚12～15㎜左右的板材，但針葉樹種中日本國產的杉木數量較多，厚30㎜的板材相較之下比較容易取得。厚度若有30㎜，板材不易變形、接合處平滑還有減震功效。

同樣是杉木，其中有節眼而且木紋緊密的類型，也有偏紅的色系等等。根據產地不同，板材各具風情，我認為挑選板材也是一件非常享受的樂事。

（伊澤）

木材厚度不同，觸感也不同

鋪在地板上，其實厚30㎜跟一般的板材看起來沒有不同。然而，神奇的是只要踩上去就能分辨厚度與質感的差異。厚達30㎜的杉木十分堅固，所以也可以用來當作階梯的踏板或層架板。

杉木因為質地柔韌所以容易髒也容易刮傷，但能夠享受這些髒污組成的獨特風格也是它的魅力之一，所以我認為不需要太在意這個小缺陷。杉木板若沾染黑色鹼性湯汁，可以用醋擦乾淨；若有小傷痕造成木板凹陷，可以鋪上手帕用熨斗燙過，多少可以修好一部分。

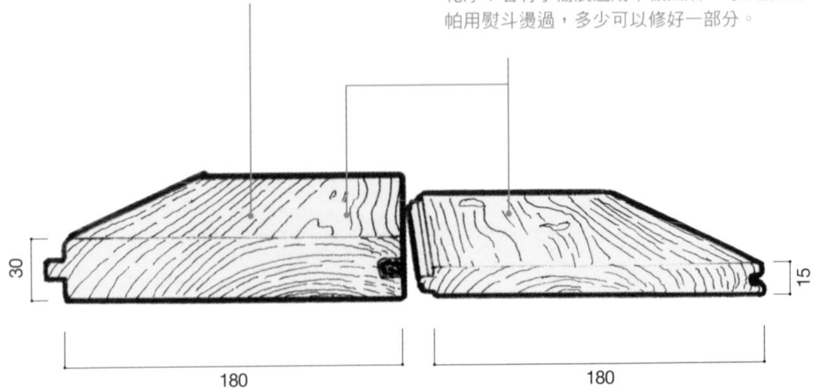

洗石子工法可使成品各具風格

洗石子工法是讓石頭表面露出來的一種水泥工法。無論是彎曲面或凹凸不平的部分，都能用洗石子工法融合為一。

洗石子的施工過程

圖上內含裝飾石的水泥等待成行。在水泥稍微凝固之後，用噴霧讓表面的水泥脫落，再以海綿擦拭露出石頭。

精心挑選洗石子工法所使用的石材

浴室裡的淋浴間、玄關、門徑等有可能被水沾濕的地方，如果使用水泥匠的其中一種技法「洗石子工法」，將會呈現非常有趣的效果。成品會隨著石頭大小與顏色、水泥色調等有不同的改變。玄關使用白水泥或加入泥灰，混入約6㎜大小的各色石頭來鋪設。除此之外，還可以加入玻璃塊、使用較大尺寸的石頭組成圖案等，洗出來的效果各具風格正是洗石子工法的魅力所在。建議在施工前先製作樣本，確認是不是自己想要的效果。

（伊澤）

鍍鋁鋅鋼板打造屋頂，免去後續維修的麻煩

鍍鋁鋅鋼板是外層鍍上鋁、鋅的合金材質，擁有出色的耐候性以及耐用性。根據所處地點可能稍有不同，但據說可 20 ～ 30 年左右都不需維護保養。除此之外，顏色選擇多樣，可以配合週遭環境與設計概念選擇所需的顏色。

採用樸素的「山形屋頂」以及具有手砌感的「一字鋪設法」，營造悠閒田園風的住宅。

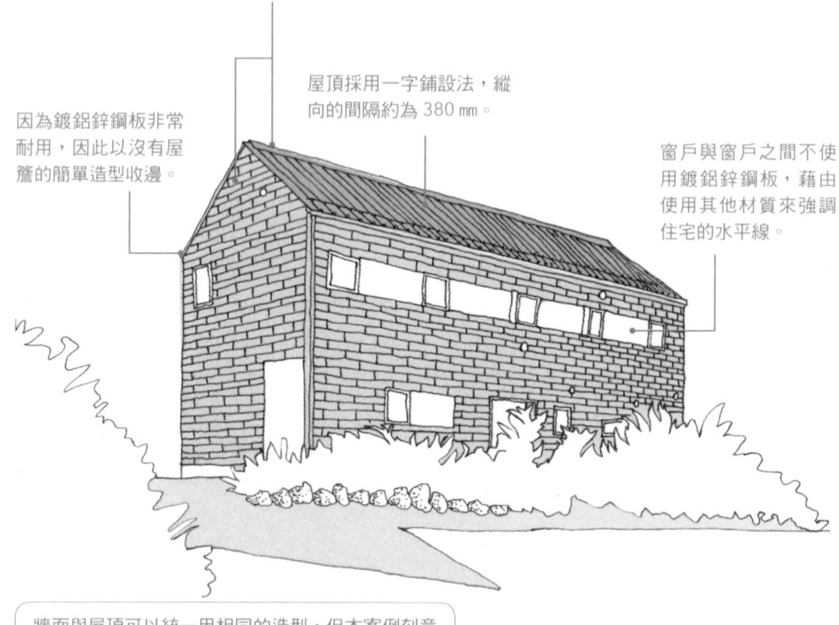

屋頂採用一字鋪設法，縱向的間隔約為 380 ㎜。
因為鍍鋁鋅鋼板非常耐用，因此以沒有屋簷的簡單造型收邊。
窗戶與窗戶之間不使用鍍鋁鋅鋼板，藉由使用其他材質來強調住宅的水平線。

牆面與屋頂可以統一用相同的造型，但本案例刻意以不同的加工方法區隔牆面與屋頂的設計。

善用鍍鋁鋅鋼板

鍍鋁鋅鋼板有很強烈的工業風格，常常使用於倉庫或工廠建築。因此，我在設計一般住宅時，也會利用四角形、圓形等各種不同折角的波浪板來展現工業風格。

除此之外，也可以利用鍍鋁鋅鋼板耐用的特性，採用一字鋪設法（譯註：一字鋪設法是將多塊板材橫向鋪設，缺點是接點多容易漏水。）或橫向鋪設法（譯註：橫向鋪設法是配合屋頂長度一條板材鋪到底，接點少較不易漏水。）來營造手工砌屋頂的質感。相同的材質透過順著屋頂角度垂直鋪設或橫向鋪設等不同的鋪設手法，可以呈現住宅不同的風情。

（石黑）

玄關的邊框選用黃銅板

寬闊的玄關比深長的玄關來得方便。無論是回家時暫時放置包包，還是讓家人或訪客的鞋子有落腳處，可謂用途多多。玄關若不夠寬闊，人多時可能就必須踩在別人的鞋子上才能進門。因此，我建議玄關採用圓弧形，既能有一定的深度同時也能確保長度足夠，營造出令人感覺柔和的溫暖空間。若採用木製的玄關框恐怕太昂貴，不如使用金屬框較容易施工。銅與黃銅材質是帶有溫暖質感的金屬，因此我在本案例中使用黃銅。除了金屬之外，也可使用厚6～7㎜的柳木線板。

（倉島）

圓弧狀的玄關框，讓玄關顯得更寬闊

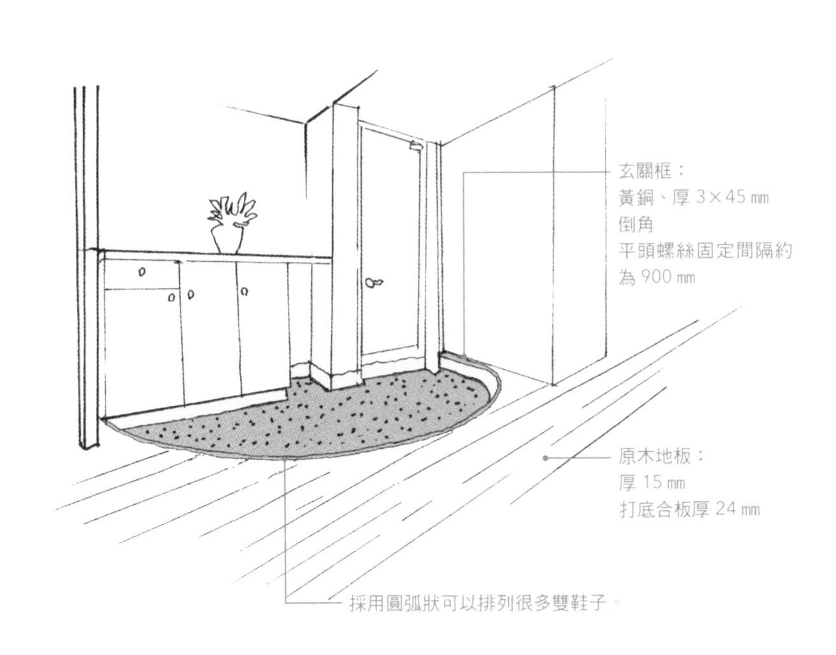

樹脂地板的妙用

樹脂地板是單一塑膠材質，使用方法與緩衝地板材一樣。緩衝地板材是以海綿狀的塑膠為基底，最上層有各種不同樣式。雖然緩衝地板內部有海綿可以吸收衝擊力，但如果被刮傷表層捲起，馬上就會露出內部的海綿。樹脂地板因為是單一塑膠片，雖然緩衝能力較差，但如果刮傷也可以直接把翹起來的部分割除。除此之外，抗酸鹼能力強，適合長期使用。

（倉島）

抗酸鹼性的樹脂地板

由於抗酸鹼能力強，樹脂地板經常使用於廁所、廚房、盥洗更衣室、洗衣間等場所。不像緩衝地板那樣容易髒或容易刮傷，長期使用也不會看起來不體面。因為是單一塑膠材質所以耐用性很高。實際上，本案例已經使用 30 年，至今仍在使用中。

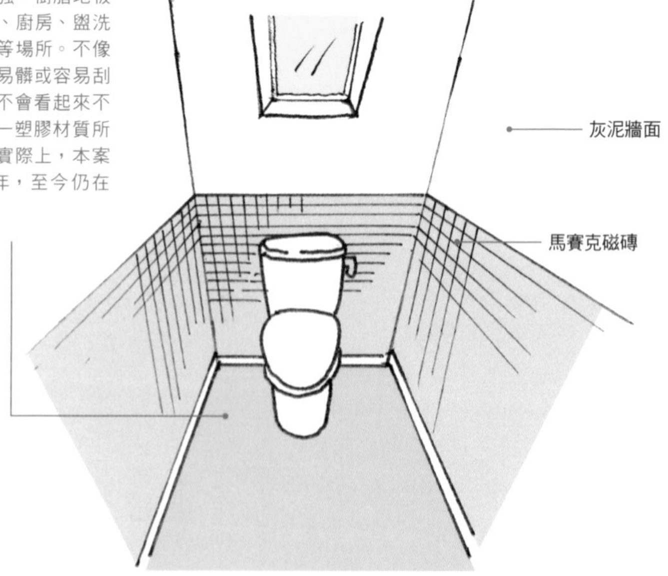

近年，樹脂地板推出不少新的表面設計，例如石紋或木紋的圖案。我認為還是使用素色無圖樣的樹脂地板比較好。

隨機搭配不同尺寸的磁磚營造手作感

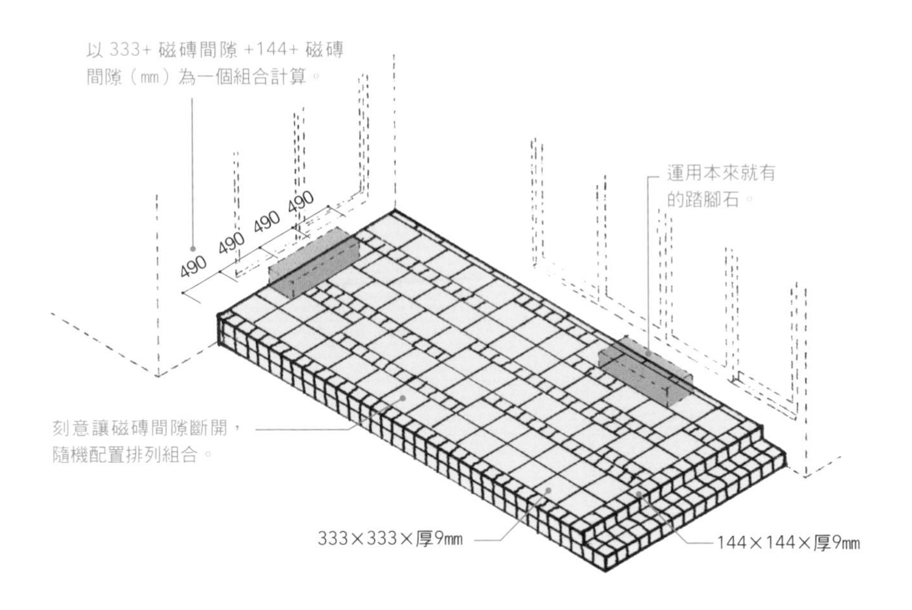

本案例使用四角形144mm與333mm兩種磁磚。這裡以333+磁磚間隙+144+磁磚間隙（mm）為一個帶狀組合，其中又參雜不同的排列營造隨機的效果。

利用磁磚的配置營造手作感

磁磚是工業產品，若想要利用磁磚營造手作感，就不要把磁磚排得太整齊，最好嘗試用不同的排列組合。

施做磁磚地面一定要事先跟師傅談好怎麼做，若不指定作法完全交給師傅決定，有可能會發生磁磚間隙全部都一樣、收邊磁磚（現場切割的磁磚）不如當初所想的情形。事先給師傅磁磚的計畫圖，載明磁磚間隙、收邊磁磚尺寸等資料，如此一來才能確實以繁複的工法營造手作感。

本案例使用兩種不同尺寸的磁磚，好處是容易在施工現場分配貼磁磚的位置，同時又能呈現隨機的排列組合。（白崎）

小空間裡的馬賽克瓷磚

馬賽克瓷磚在小面積的牆面也可以施做，保養也不費力，是很不錯的材料。馬賽克磁磚色彩豐富，光是挑選就已經是一種享受。還有玻璃、陶土、大理石等各種不同材質，任君挑選喜歡的質感。

想改變室內的顏色，但又沒有勇氣把牆面或天井的顏色整片換掉時，馬賽克磁磚可以在用水空間等區域發揮長處。尺寸一般有10㎜、25㎜、50㎜的四角形磁磚，除此之外還有長方形、圓形、龜殼形等種類非常豐富。

（丹羽）

繽紛的顏色與形狀，讓狹窄的空間更豐富

馬賽克磁磚非常適合用在盥洗室等用水空間的牆面。顏色組合多變，可以輕易打造自己的風格。

磁磚間隙約2～5㎜，填縫材質有白色、灰色、咖啡色等不同的顏色，另外還有抗污、抗黴菌效果的材質，可依照使用的場地搭配選擇。

藉由室內外相同的材質營造整體感

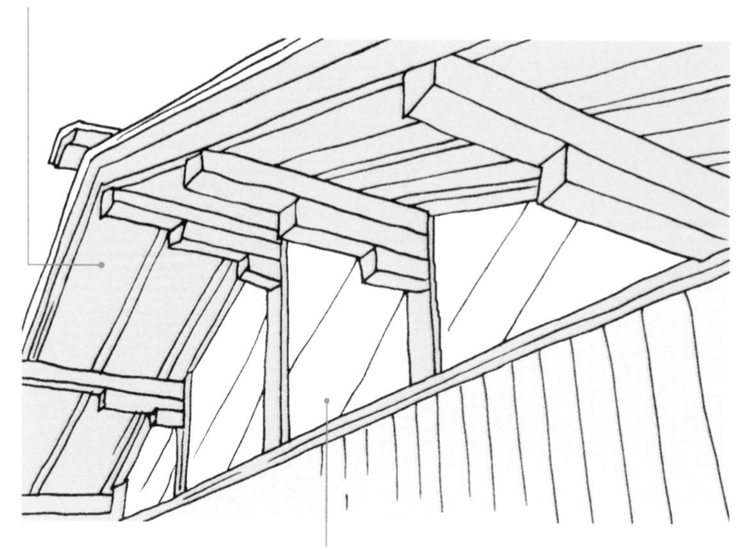

室內外的屋頂構造與打底板材都是椴木合板，視覺上有延續的效果。

住宅側面的三角型區域裝設透明玻璃，強調室內與室外的連結。透過玻璃可以從室內享受陽光的變化與雲流動。

連結屋內屋外的整體感

我設計住宅時，根據住宅所處地區不同會略有調整，但通常都會刻意把屋簷拉長一點。我認為這才是符合日本氣候風土的住宅形式。藉由統一伸長到室外的屋頂與室內天井的型態，讓室內外產生連結，空間也會顯得更加寬闊。本案例是某位陶藝家的工坊，室內外的底材都使用椴木合板，屋頂至牆壁之間的三角區域裝上透明玻璃，加強室內與室外的整體感。（山本）

老建材與裝飾樑柱的再利用

經過歲月洗禮的樑柱以及現在已經很稀有、作工精細的紙門與窗櫺，我認為賦予這些老建材新生命非常有趣。正因為已經使用過數十個年頭，更顯得風格獨具。使用老建材，往往能賦予住宅安心、沉穩的氛圍。本案例是一棟老宅的改建案，我只保留樑柱並針對耐震補強，打造成二代同堂的建築。屋主希望把這個家的往日回憶傳承給下一代，所以我保留書院式格子窗、日式紙門、窗櫺、以及床柱（譯註：壁龕兩旁的裝飾柱）重新加以利用。

（吉原）

盡量活用住宅的往日記憶

在壁龕前的垂壁內裝設照明燈具，採用不讓光源直接進入視線的間接照明，可照亮壁龕內的掛軸等裝飾物。

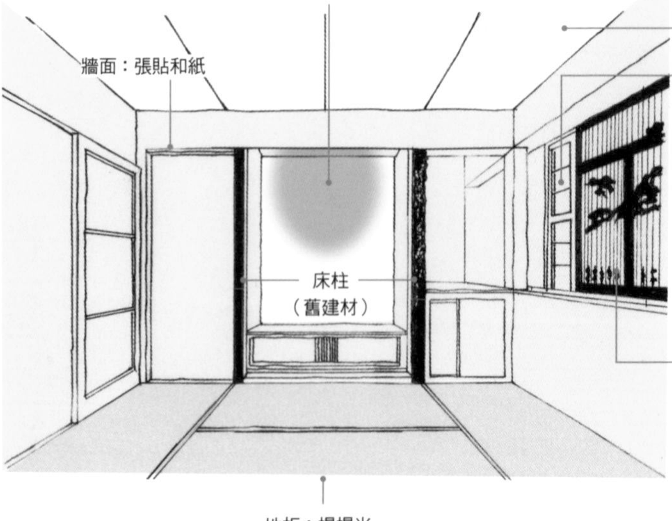

運用老宅既有的書院式格子窗、日式紙門、窗櫺、以及床柱，營造沉穩的氛圍。

享受搭配各種媒材的樂趣

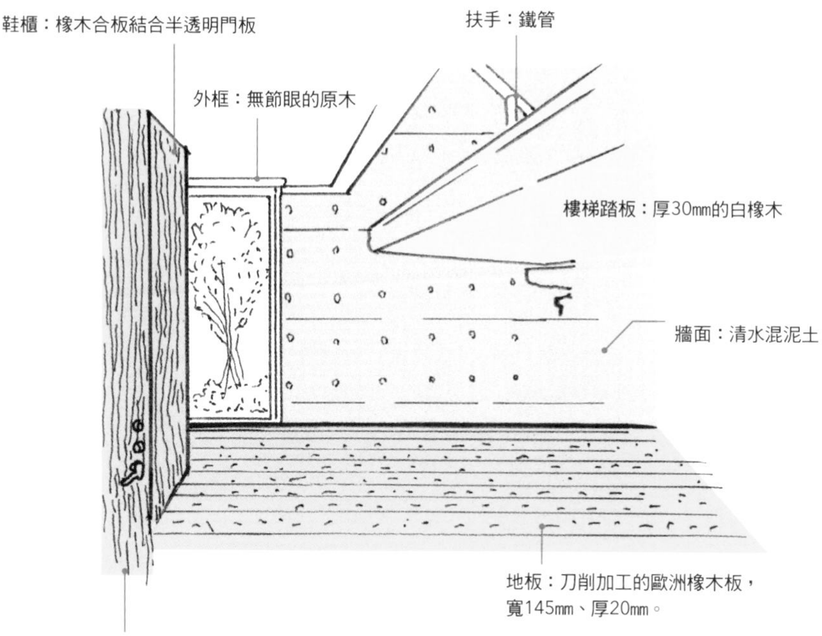

猶豫要不要用在客廳的材質，
不妨大膽嘗試放在玄關。

重視玄關的材質

玄關是住宅的門面，我喜歡結合水泥與木材、鐵材等不同媒材來打造玄關空間。一般而言，室內採用清水混凝土而無任何加工則不利於溫度調節，但如果只是拿來做隔間就不太受溫度影響。地板木材（歐洲橡木）採用刀削加工增加凹凸質感，光腳踩上去的觸感會完全不同。水泥與木材令人出乎意料的，非常容易在設計時互相搭配。

（村田）

調節濕度的珪藻土壁紙

我發現很多人會特別重視室內溫度，但鮮少有人會注重室內的濕氣平衡。根據每棟住宅的條件不同或多或少有差異，但樓地板或牆壁使用珪藻土等天然媒材，可以吸濕保濕有效維持室內的低濕度。我推薦容易施做而且價格較低的珪藻土壁紙。如果請水泥師傅來抹珪藻土，牆面很容易汙損保養很麻煩，而珪藻土壁紙只要用抹布或棕刷清理一下就能繼續維持砂質壁面的風格。

（諸角）

施工簡便的珪藻土壁紙也能有效調節濕度

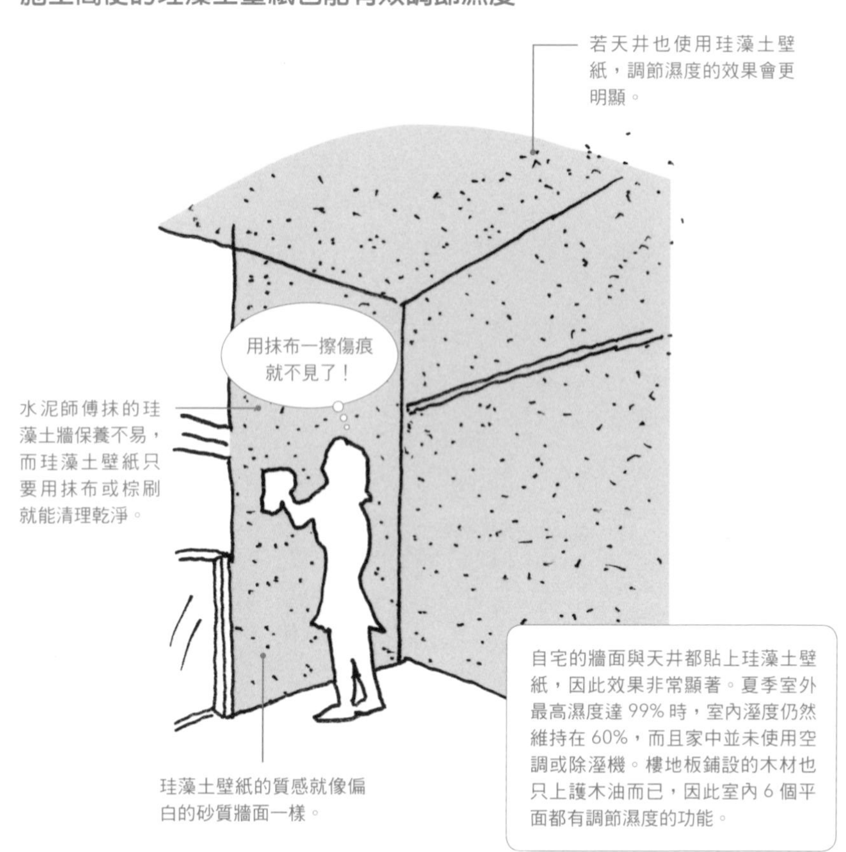

若天井也使用珪藻土壁紙，調節濕度的效果會更明顯。
用抹布一擦傷痕就不見了！
水泥師傅抹的珪藻土牆保養不易，而珪藻土壁紙只要用抹布或棕刷就能清理乾淨。
珪藻土壁紙的質感就像偏白的砂質牆面一樣。
自宅的牆面與天井都貼上珪藻土壁紙，因此效果非常顯著。夏季室外最高濕度達 99% 時，室內溼度仍然維持在 60%，而且家中並未使用空調或除溼機。樓地板鋪設的木材也只上護木油而已，因此室內 6 個平面都有調節濕度的功能。

訂製融入住宅空間的曬衣桿、欄杆

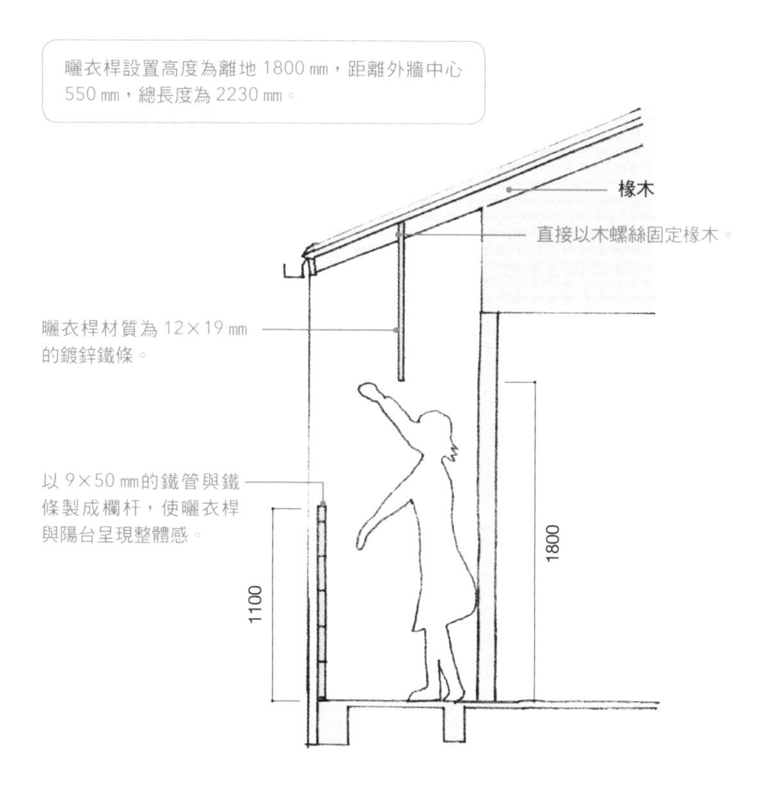

曬衣桿設置高度為離地 1800 ㎜，距離外牆中心 550 ㎜，總長度為 2230 ㎜。
椽木
直接以木螺絲固定椽木。
曬衣桿材質為 12×19 ㎜ 的鍍鋅鐵條。
以 9×50 ㎜的鐵管與鐵條製成欄杆，使曬衣桿與陽台呈現整體感。
1800
1100

訂製曬衣桿

功能取向的市售金屬曬衣桿，可能因為其外觀明顯與裝潢不同而顯得格格不入。雖然說市面上也有販賣不使用時能收納到天花板內的曬衣桿，但除了有客人來的時間以外，很少會有人晾完衣服就把曬衣桿收起來吧！因此，我建議還是多下點功夫訂製曬衣桿較佳。只要曬衣桿能夠融入住宅整體空間中，不使用時也能直接放在原地不用收拾。

（杉浦）

耐衝擊又能營造日式氛圍

本案例為住宅改造案。使用和紙玻璃讓居住者可以察覺門外的動靜，同時又能把光線柔和地引進建築物中間的大廳。折射後的擴散光線可以溫柔地照亮每個角落。

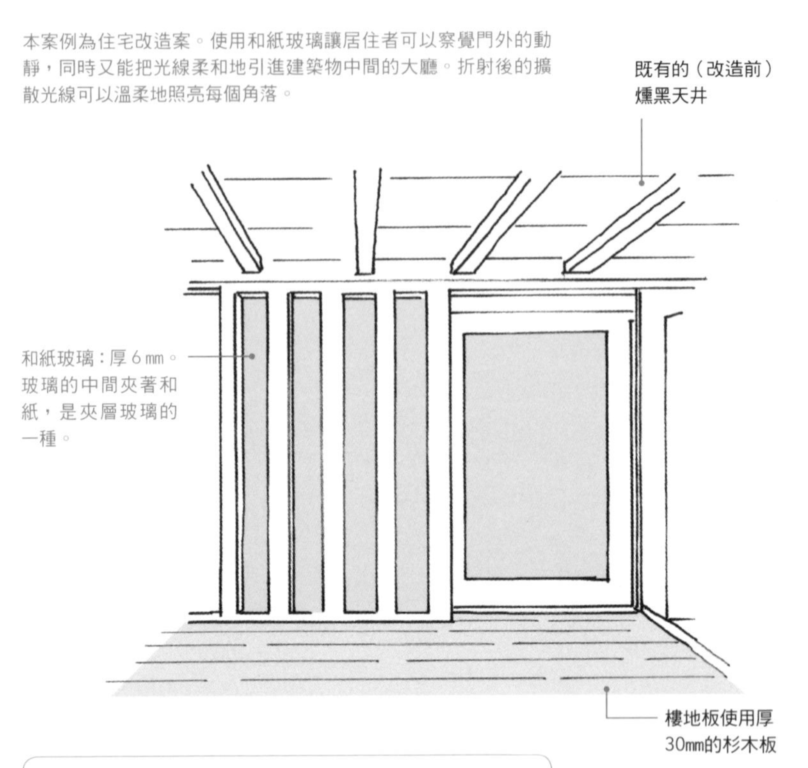

除了夾層和紙玻璃外，還有在表面貼上單面和紙圖案的玻璃、或者類似壓克力材質的媒材。我有時也會因為預算有所限制而採用壓克力的和紙圖樣板材。

善用和紙玻璃素材

我很喜歡和紙玻璃，常常拿來裝在門板上或柱子的間隙之間。除了拿來裝在門窗上以外，和紙玻璃也是很好的隔間材料。其實，本來應該要採用日式紙門，但考量到保養不易還是選用和紙玻璃比較能長久使用。和紙玻璃構造是玻璃中間夾著一層和紙，具有日式紙門的效果。也就是說，它能夠折射出柔和的擴散光線，拿來當作隔間可以傳達家人所在的位置又能保護隱私，這些特色與其他媒材大為不同。除此之外，兩側的玻璃耐衝擊性高也較為安全。

（倉島）

日式紙門的妙用

紙門可以使現代風格的房間轉變成摩登的日式空間。紙門的遮光效果不如窗簾，但氣密性、隔熱性都比窗簾好。如果擔心遮光效果不足的話，只要加上遮雨窗就能解決。光線透過紙門之後擴散到房間裡，整個空間都將充滿柔和不刺眼的明亮感。有些家庭會擔心家中有幼兒，不能使用易破的紙門，但現在已經開發出有一定強度不易破損的紙張，屋主大可安心使用。紙門是日本人所發明兼具功能與美感的材料，我希望現代住宅中也能活用這項媒材。

（落合）

精心打造每個部份，日式風格也能很現代

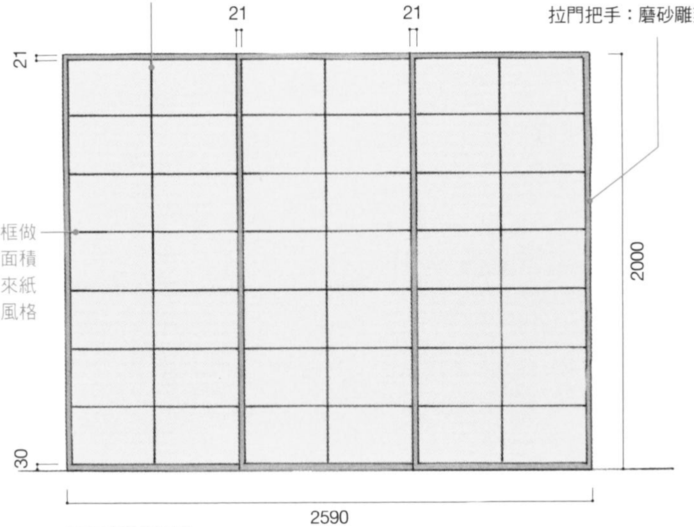

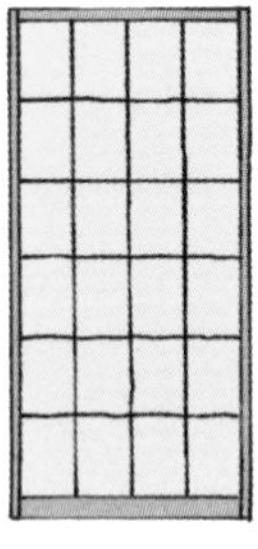

左圖是傳統的紙門。這種紙門稱為水腰紙門，意指沒有腰壁板（譯註：及腰的木板門板）的紙門。這一組紙門的格子材尺寸為4×6分（12×18㎜）。如果要打造真正的日式風格，這種傳統的尺寸比較適合。

靈活運用和紙

和紙是具有獨特魅力的材質。用在紙門上產生的光線別具風味，使用在牆壁或天井時產生的情調與觸感足以改變整個房間的氛圍。使用在拉門上時，不妨使用太鼓貼合法（＊）。在和室裡，和紙可以當作壁紙貼在及腰的牆面上，為整個空間帶來變化。雖然和紙是日本的特色，但我認為使用上不必局限於和室，現代洋房的牆面與天井也可多加採用。譬如內凹天井可以選擇與其他部分不同花樣的和紙，設計搭配時相信也會樂趣多多。

（坂東）

和紙可以用較低成本營造氣氛

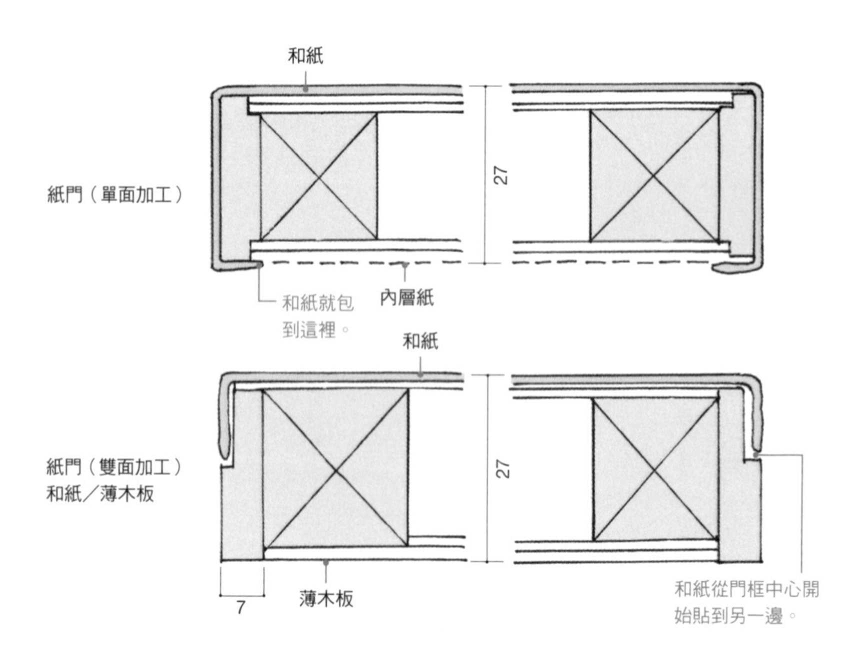

和紙可以透過控制黏貼方向、間隙的改變、正反面的不同來改變風格，是很容易駕馭的材質。日本全國都有產地而且種類豐富，價格也比其他材質低。

＊太鼓貼合法根據《デジタル大辞泉》有兩種解釋：①在門框骨架的兩面貼上紙或木板，中間保留空心。②太鼓樣式貼合法的簡稱。基本上跟①一樣，但沒有保留邊框與把手。我製作的紙門因為有把手所以嚴格上不能算是太鼓貼合法，我採用的手法是沒有包住整個邊框，而是包起一小段邊框的方式。

奢侈地用厚板材來製作階梯踏板

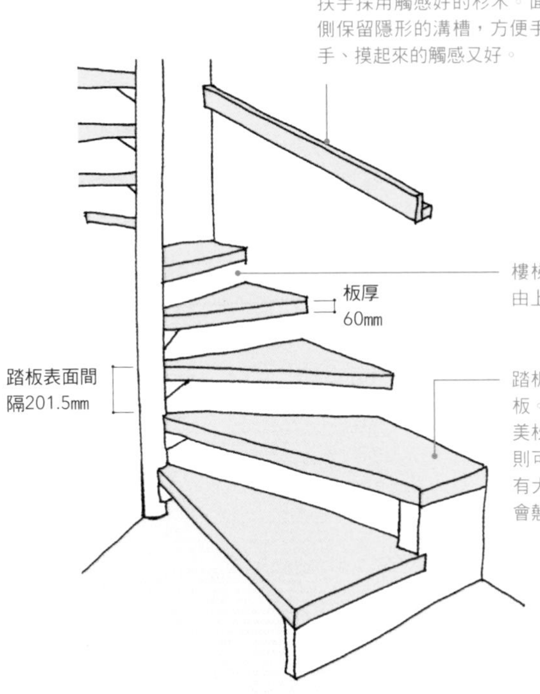

扶手採用觸感好的杉木。面牆的那一側保留隱形的溝槽，方便手指扳住扶手、摸起來的觸感又好。
樓梯不設踢腳板，光線可以由上而下穿透進來。
板厚
60㎜
踏板表面間隔201.5㎜
踏板一般使用蒙古櫟人造板或柳木人造板。如果要便宜而柔軟的板材可選擇北美松木人造板，想要低價而堅固的板材則可選橡膠木人造板。螺旋式階梯因為有大片扇形的踏板，所以不適合用可能會翹曲、價錢又高的原木板材。

準防火地區中的建築更需重視木製階梯

準防火地區（＊）內3樓以上的建築物，在法規上必須為準耐火建築物。因此，樓梯必須使用鐵板，或者在踏板背後加上石膏板等防火披覆之工程。除此之外還有其他選擇，那就是在設計時預設火災燃燒狀況推算材質所需厚度，譬如60㎜以上的厚板材就算遇到火警，也能耐燃燒30分鐘。一般而言，樓梯踏板用到60㎜厚板材太過奢侈，很少有機會能這麼做，但位於準防火地區的住宅反而可以為了達到防火標準而名正言順地使用。只要在設計上多一點巧思，就能在狹小面積裡打造螺旋階梯，而木製踏板本身具備的溫暖特質更是魅力十足。（根來）

＊譯註：根據日本都市計畫法第九條規定，需預防市中心發生火警而劃分的次要防火區域。範圍內的建築物必須遵照防火建築或準防火建築的規格建造。

浴室天花板的調節功能

如果條件允許，我通常都會把浴室的天井做成斜面。只要天花板傾斜，沐浴時所產生的蒸汽就不會直接滴下來，而且使用檜木或扁柏等木製材質也有助於調節濕氣。如此一來，也能夠營造出浴室沉穩、療癒的氣氛，可說是一舉兩得。我認為腰板以上的牆面以及浴缸都採用木製品效果更好。若只有天花板採用木材，只要注意浴室內要通風即可不需額外保養，對使用者來說不會造成額外負擔，所以我非常推薦大家在設計浴室時多多使用木材。

（坂東）

木製浴室具有療癒及調節濕氣之功能

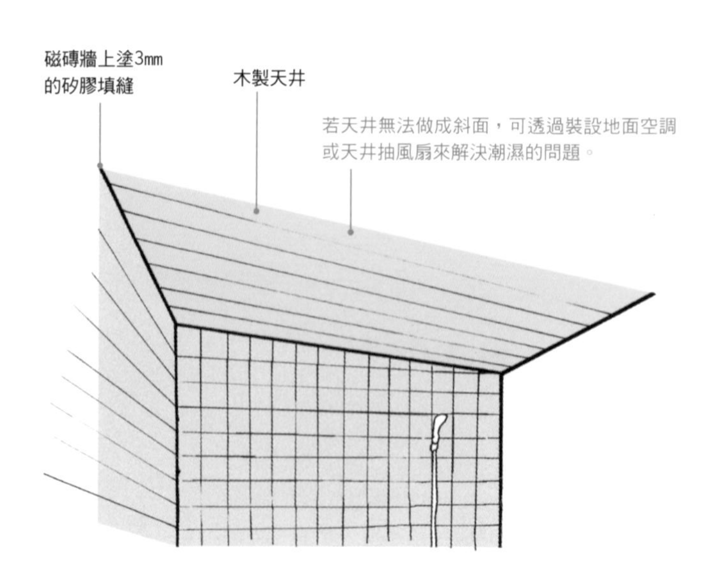

我推薦使用檜木或扁柏，這兩種材料既便宜又有調節濕度的功能。尺寸使用 95（寬）×12（厚）×1800 mm（長） 的窄幅板材，使用榫扣加工。為了不讓水氣滲入木板背面，在磁磚壁與木板交接處塗上 3 mm的矽膠填縫。

地板不一定要沿著長邊鋪設

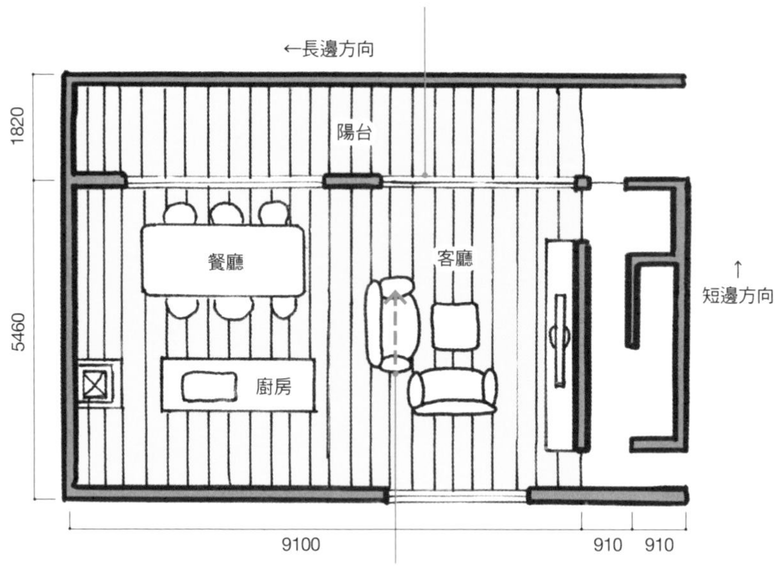

陽台也以相同方向鋪設，既增加空間整體感又能讓空間在視覺上變得更寬廣。
←長邊方向
陽台
餐廳
客廳
廚房
↑
短邊方向
1820
5460
9100
910
910
長邊方向有門窗時，木板沿著短邊鋪設地板，視線就會被牽引至有景色的地方。除此之外，天花板的板材也必須配合以相同方向鋪設。

講究木地板的鋪設方向

樓 地板的板材通常會沿著長邊來鋪設，以強調深遠、寬闊的視覺效果。然而，如果長邊方向有漂亮的景緻可以欣賞時，也可以視情況改成沿著短邊來鋪設地板。如此一來，視線就會被地板鋪設的方向牽引至有景色的地方。我認為鋪設地板不應遵守常規，而是依照符合該空間所希望達成的目的來設計。

（根來）

必須使用完全乾燥的木材

使用徹底乾燥過，而且含水量又低的木材是很重要的。尤其是今後想建木造住宅之人，必須好好了解這些木材的特性與品質。

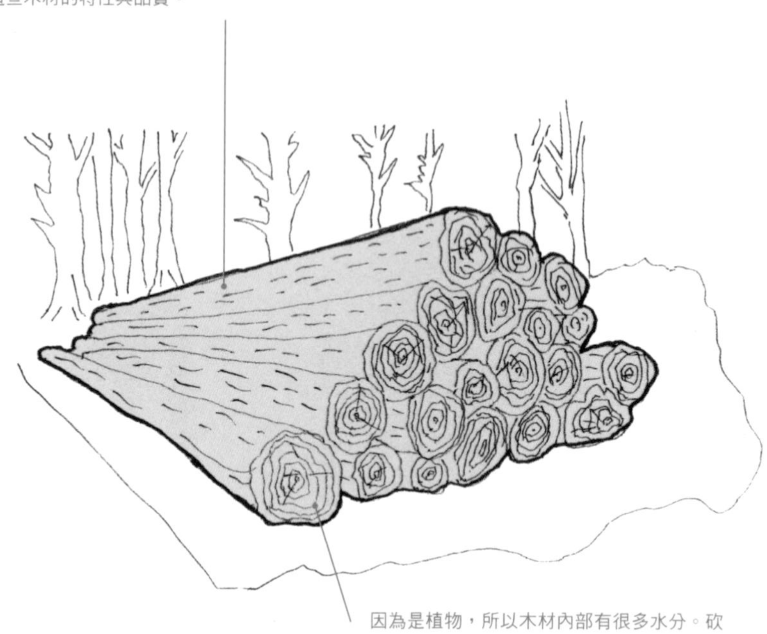

因為是植物，所以木材內部有很多水分。砍伐下來的樹木，若未經過長時間乾燥就不能當作建築用材料。

木材的乾燥與強度最重要

以前，市面上曾經普遍地販售被稱為Green wood的未乾燥木材。會有這種情形，是因為以前並沒有木材需要乾燥的概念。木材未經乾燥就拿來使用可能會縮水或變形，甚至產生間隙與裂痕。使用杉木或檜木的話，必須使用含水率（＊1）15%以下的乾燥木材。另外，每個木材的強度都不同，所以在使用前先以楊氏模量（＊2）測量其強度顯得格外重要。木材是生物，所以各具獨特性，我希望大家能了解，樹木不是一砍下來馬上就能使用的東西。

（古川）

＊1 含水率：表示木材中含水的分量與完全乾燥的木頭相較之下計算出的比例。杉木在尚未完全乾燥的情況下，含水率甚至會達到200%。　＊2 楊氏模量：表示對木材施力時，木材彎曲的容易度。以E70、E50等方式標記，數字越大表示越不容易彎曲。

磁磚間隙的顏色會影響整體風格

用水空間與瓦斯爐周邊的牆面或天井，常常鋪設磁磚。磁磚間隙的顏色，可以大幅改變牆面的風格。一般而言，大多使用白色或灰階色調，但若選擇深色的填縫材可以更突顯淺色系的磁磚，尤其是尺寸越小的磁磚效果越明顯。

磁磚間隙的顏色若為咖啡色，可使白色磁磚具有像泥土一樣的溫暖質感，非常適合在木製的廚房或是盥洗室中使用。最近有網站可以模擬搭配磁磚間隙的軟體，設計時不妨拿來參考。

（伊澤）

磁磚間隙的顏色可以大幅改變牆面的風格

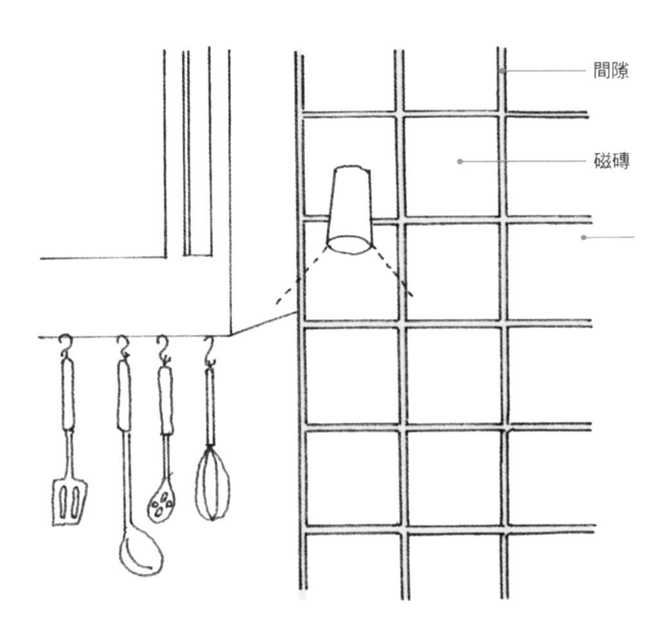

白色磁磚搭配咖啡色系的縫隙，非常適合在木製的廚房或者盥洗室中使用。

若磁磚用在外牆或大片面積的地點，不妨先做出樣品再來討論。

接觸肌膚的部分最好選擇有溫度的木材

我非常重視木材的觸感，與其隱藏木材的缺點我寧可接受，並且盡量彰顯木材的長處。除了露出木造結構，地板、牆面、扶手、工作台、家具等我都盡量採用原木而不另外上漆或上膜，藉此靈活運用木材的溫暖、柔軟、除濕等特性。如果要像這樣利用原木的特性，在保養上會出現容易汙損的缺點，但我認為隨著時間產生變化也是一件很享受的樂事。總之，我希望大家都能夠重視住宅中木材的觸感。

（松澤）

直接使用天然原木來當作扶手

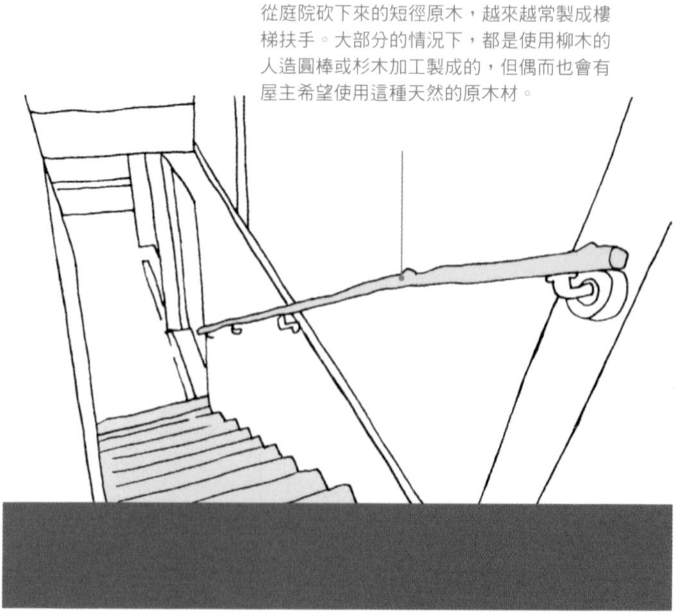

從庭院砍下來的短徑原木，越來越常製成樓梯扶手。大部分的情況下，都是使用柳木的人造圓棒或杉木加工製成的，但偶而也會有屋主希望使用這種天然的原木材。

直接使用天然原木時，必須注意好握的尺寸、強度、觸感（接觸肌膚的安全性）等原則來挑選樹種。通常會使用鋁製的金屬零件來固定扶手，但有時也會視情況以木工的方式固定。我認為大多數的屋主都不會介意木材稍有彎曲或者不夠筆直。

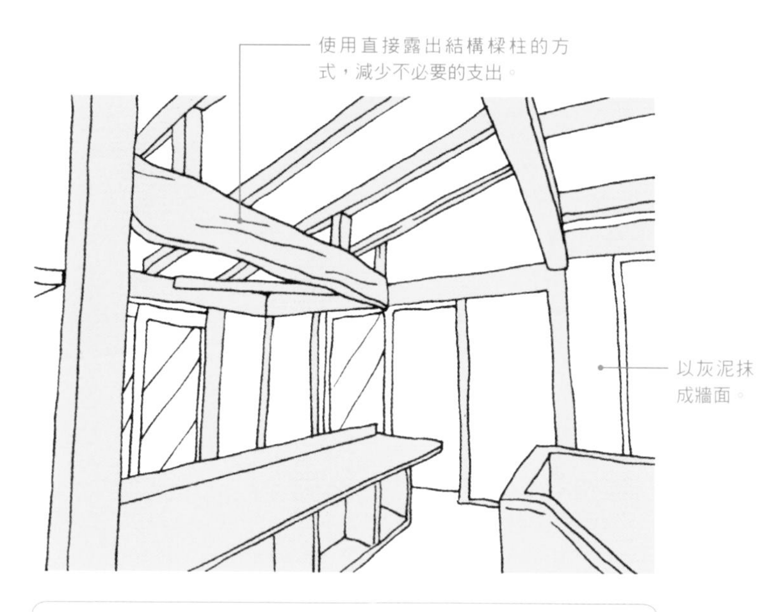

使用直接露出結構樑柱的方式，減少不必要的支出。
以灰泥抹成牆面。

天井打底材質使用邊緣為圓形加工的 30㎜杉木板，大椽木採用 120㎜的角材，每根椽木間隔 909㎜。
屋架樑也幾乎直接露出，使用杉木或闊葉樹種。牆面塗上一層薄灰泥就大功告成了。

室內裝潢選用木材與灰泥

考量製作成本時，常常為了哪些要保留或哪些必須犧牲而頭痛不已。如果遇到這種兩難的狀況，我會以住家的健康與舒適為優先，使用木頭與灰泥來打造住宅空間。使用這兩種建材，基本上是考量室內的溫度、濕度、往後的維修成本之後，非常合理的結果。雖然可能造成室內外的反差，但室外我選擇使用鍍鋁鋅鋼板。藉由室內的木材與灰泥、室外的鍍鋁鋅鋼板的材質結合，不僅可以達到降低初期費用與維護費用之目的，日後拆除時對環境的負擔也小，故我經常採用這種材質搭配。

（松澤）

浴室選用天然板材

考量容易清理、地板溫度等因素，許多人會選擇施工簡便的一體成形浴室。然而，使用天然材質打造的浴室加上可以從窗戶眺望庭院與天空景緻，不但能放鬆身心還能趕走一整天的疲勞。浴室裡以磁磚或石材舖設腰壁板，牆面與天井使用檜木板就能營造泡溫泉的氣氛。浴室不僅是清潔身體髒污的地方，同時也是洗滌心靈的重要場所，所以我認為用天然板材來打造浴室才是最佳選擇。

（落合）

使用天然板材打造的浴室令人放鬆身心

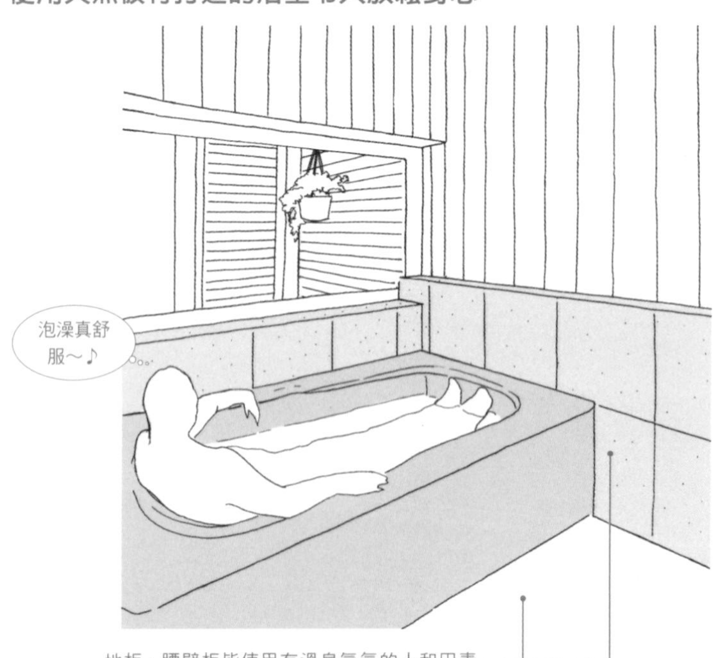

地板、腰壁板皆使用有溫泉氣氛的十和田青石，採用潑水加工防止滋生黴菌。

防止發霉最好的辦法就是保持浴室乾燥。最後一個使用浴室的人只要記得打開通風窗，讓排風扇持續運轉至早上就能保持浴室乾燥。

在天然材質打造的浴室中放鬆身心

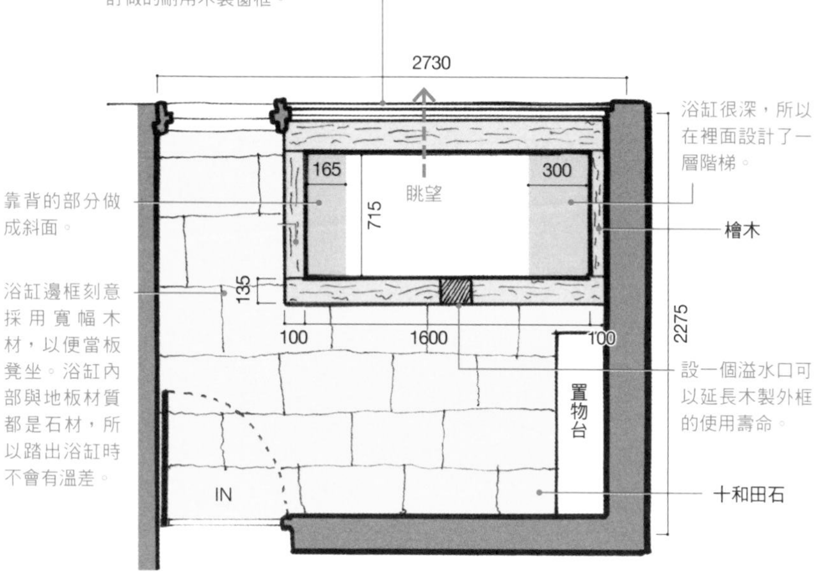

為了讓視線眺望出去時有整體感，我會刻意強調室內與室外的連續性。浴室天井使用不怕水與濕氣的扁柏，陽台上的屋簷鋪設燻黑的煤竹。開口窗做得很大，但考量這是用水空間，不使用一般木製框而是採用特別訂做的耐用木製窗框。
2730
浴缸很深，所以在裡面設計了一層階梯。
靠背的部分做成斜面。
165
300
眺望
715
檜木
浴缸邊框刻意採用寬幅木材，以便當板凳坐。浴缸內部與地板材質都是石材，所以踏出浴缸時不會有溫差。
135
100
1600
100
2275
設一個溢水口可以延長木製外框的使用壽命。
置物台
IN
十和田石

牆面使用磁磚、浴缸內使用十和田石，浴缸邊框用檜木、天井用扁柏，室外陽台的屋簷鋪設燻黑的煤竹，皆為天然材質。地板鋪設的十和田石，我建議使用 300×600× 厚 22 ㎜的尺寸。
除了檜木之外，可以用於浴室、浴缸的材質有扁柏、椹木、日本金松木等。
地板除了十和田石以外，可以用於浴室、浴缸的材質有御影石、鐵平石、玄昌石等。

用木材與石頭堆砌浴室

浴室是洗去一身疲憊的地方。運用木材與石材打造天然風格的浴缸，非常吸引人。我推薦使用十和田石（用於地板）與青森產的扁柏（用於天井）。木製的浴缸通常使用檜木，但若擔心維修保養不易，可以把木材拿來做浴缸的邊框，而浴缸內部則採用與地板相同的十和田石。製作材質相同可以使空間具有整體感，而十和田石被水浸濕後會變成明亮的青色且觸感溫和，十分適合用在浴室。除此之外，檜木框不僅在入浴時可以當作頸枕，進出浴缸時也可以當作板凳使用。

（根來）

以暖爐為中心的客廳

不少人嚮往家裡有個燃木暖爐。本案例的屋主，希望能夠在住宅的正中間眺望白馬連山（譯註：位於飛驒山脈後方的連續山峰，又稱為白馬連峰。）以及窗前的暖爐（燃木暖爐）。這棟住宅採用高度氣密、高隔熱效果的建材，再加上隔間很少，暖爐能夠有效地將熱能傳導至整個空間，每個房間裡只要加裝小型的循環扇就能保持舒適的室內溫度。在暖爐前擺張沙發，就能一邊看著火焰起舞，一邊眺望北阿爾卑斯山脈與田園風光，成為家人享受美麗景緻的空間。

（山下）

以燃木暖爐取代電視

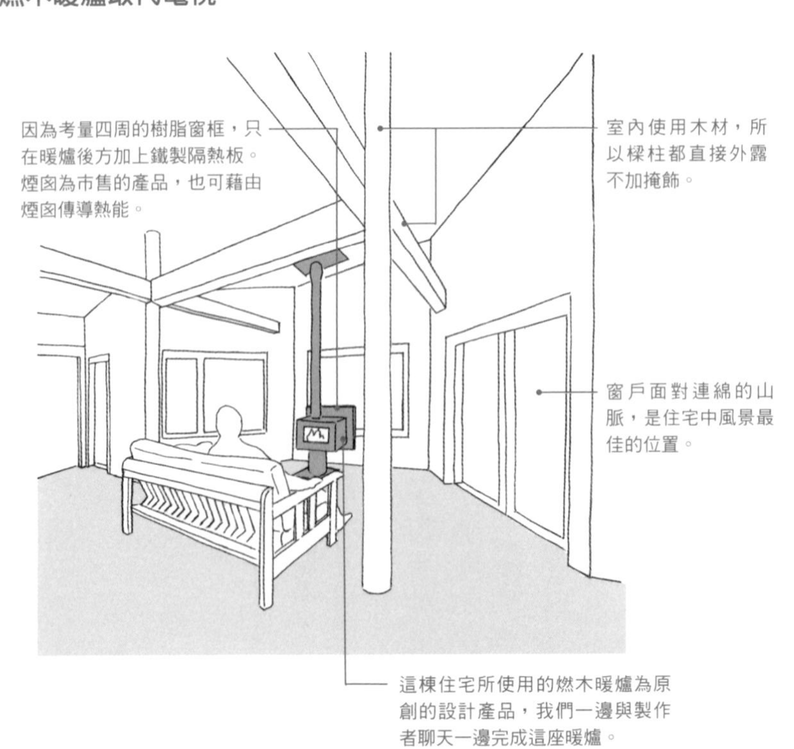

因為考量四周的樹脂窗框，只在暖爐後方加上鐵製隔熱板。煙囪為市售的產品，也可藉由煙囪傳導熱能。
室內使用木材，所以樑柱都直接外露不加掩飾。
窗戶面對連綿的山脈，是住宅中風景最佳的位置。
這棟住宅所使用的燃木暖爐為原創的設計產品，我們一邊與製作者聊天一邊完成這座暖爐。

抽油煙機前一定要有牆面

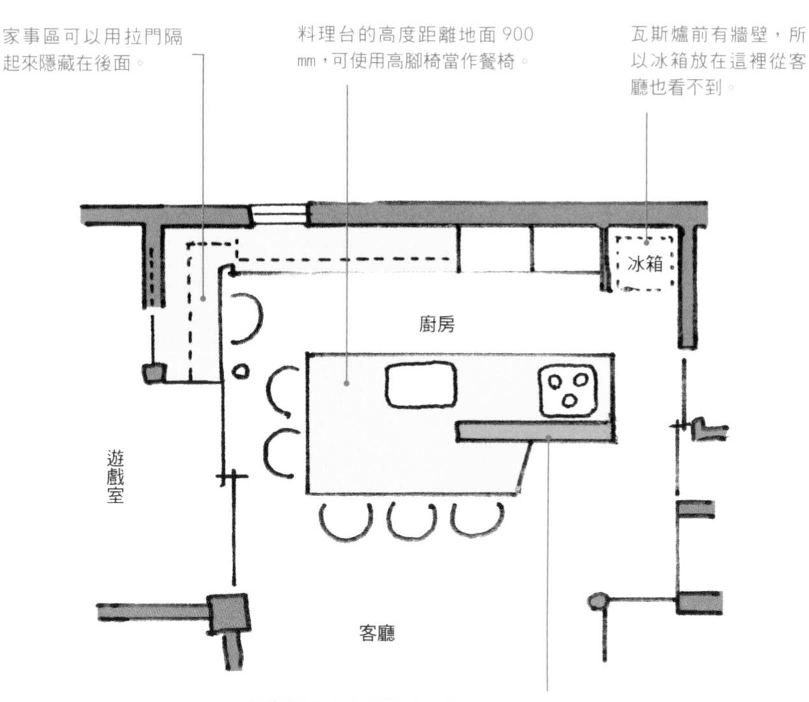

抽油煙機前一定要有一面牆

最近越來越多人想要打造開放式廚房。然而，若沒有規劃好要開放到什麼程度，廚房很容易就會變成無法融入生活的空間。我認為不妨使用部分隔間的方式來解決這個問題。我所說的部分空間，就是指抽油煙機周邊。如果沒有牆面區隔，做菜時的湯汁或油汙會四處噴濺，也可能會弄髒廚房對面的餐廳區。就算有裝抽油煙機也不能徹底解決這個問題，所以我建議抽油煙機前一定要做一堵牆。

（本間）

宛如咖啡店的格局，從廚房小窗端出料理

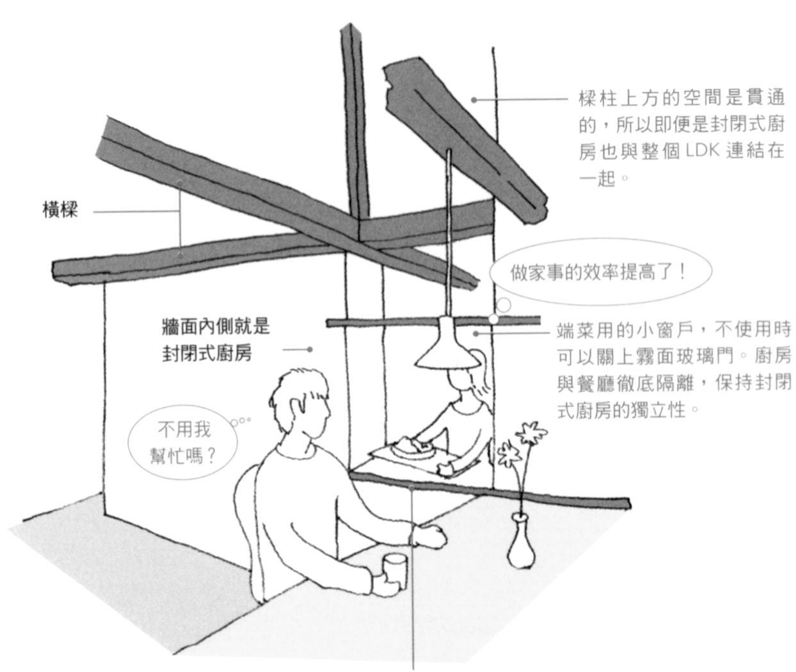

梁柱上方的空間是貫通的，所以即便是封閉式廚房也與整個LDK連結在一起。
橫樑
做家事的效率提高了！
牆面內側就是封閉式廚房
端菜用的小窗戶，不使用時可以關上霧面玻璃門。廚房與餐廳徹底隔離，保持封閉式廚房的獨立性。
不用我幫忙嗎？
小窗戶設計與餐桌相近的高度，離地面750㎜。（會採用這個高度是因為幾乎沒有餐桌高於750㎜）

封閉式廚房須注意端出菜餚的方式

最近的住宅似乎很流行使用開放式廚房，既然有開放式廚房當然也有封閉式廚房，考量各自的特徵之後，也可以選擇使用封閉式廚房。封閉式廚房如字面上所示，規劃出廚房空間之後，從餐廳或客廳隔離出來。然而，獨立式的廚房還是必須將做好的菜端上餐桌，我建議可以在面餐廳的方向開一扇小窗解決這個問題。

（本間）

盥洗台可採用實驗室專用流理台

實驗流理台是指理科實驗室裡會出現的陶製流理台，我把這種流理台放在廁所當盥洗台使用。實驗室專用的流理台比一般盥洗台還要大，可以同時容納兩個人一起使用。除此之外，還可以當作洗手台、洗衣台使用。尤其是家中有小男孩的家庭，媽媽每天都要跟沾滿泥土的衣服纏鬥數回合。雖然也可以另設專用的洗衣台，但日本住宅面積狹小很難騰出空間。很多人會選擇在浴室清除汙泥，所以我建議不妨使用兼具盥洗功能的實驗用流理台，以收一舉兩得之效。

（古川）

可以容納兩個人並肩刷牙的寬敞盥洗台

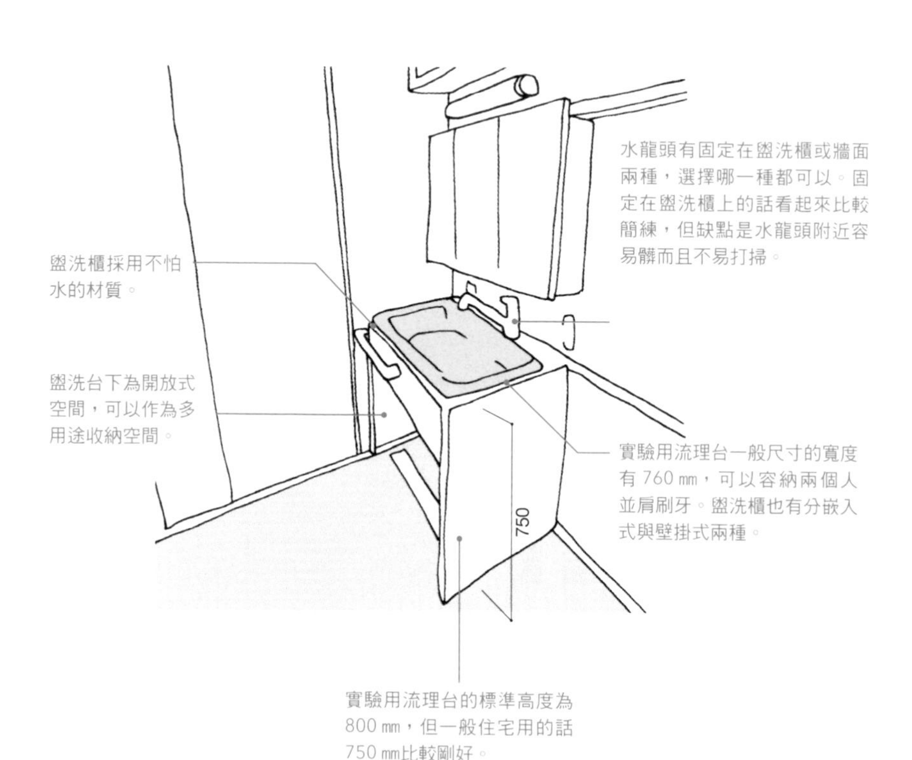

水龍頭有固定在盥洗櫃或牆面兩種，選擇哪一種都可以。固定在盥洗櫃上的話看起來比較簡練，但缺點是水龍頭附近容易髒而且不易打掃。
盥洗櫃採用不怕水的材質。
盥洗台下為開放式空間，可以作為多用途收納空間。
實驗用流理台一般尺寸的寬度有 760 mm，可以容納兩個人並肩刷牙。盥洗櫃也有分嵌入式與壁掛式兩種。
750
實驗用流理台的標準高度為800 mm，但一般住宅用的話750 mm比較剛好。

單體式馬桶最好放在一樓

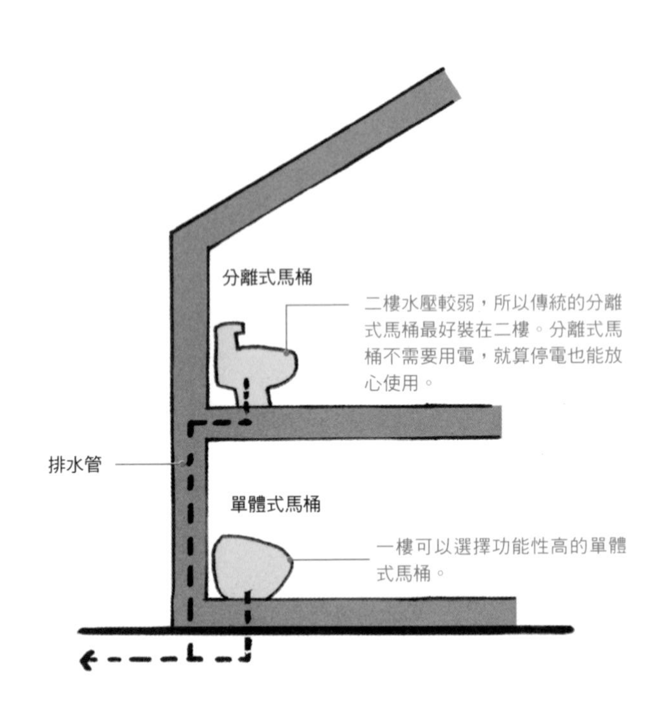

分離式馬桶
二樓水壓較弱，所以傳統的分離式馬桶最好裝在二樓。分離式馬桶不需要用電，就算停電也能放心使用。
排水管
單體式馬桶
一樓可以選擇功能性高的單體式馬桶。

搭配分離式馬桶與單體式馬桶

最近單體式馬通很受歡迎，家裡有兩間廁所的住宅，一定有一台要採用傳統的分離式馬桶。單體式馬桶雖然一體成形而且有方便的功能，但基本上都是以電力驅動，所以附近一定要有插座。因此，單體式馬桶與其說是機械設備，不如說是「家電」的一種。

假設家中有兩個馬桶，其中一座不使用電力。如果是兩層樓的建築，二樓比一樓的水壓還弱，所以我建議最好在二樓設置分離式馬桶。

（丹羽）

精密計算洗手台的大小

通常廁所的面積都很有限，但我都盡量選擇使用較大的洗手台。因為用肥皂搓洗雙手的時候水一定會噴濺，如果邊洗手還要邊注意水量，那就很難讓人有好心情。上完廁所之後，洗個手照鏡子打理自己的儀容，在盥洗室完成這一連串的動作，也可以達到轉換心情的功能。

最近直接裝在馬桶水箱上的洗手台，有些已經改良得比之前好用。如果沒有足夠的空間或是預算，不妨參考這種產品。

（小野）

面積大的洗手台，讓你有好心情

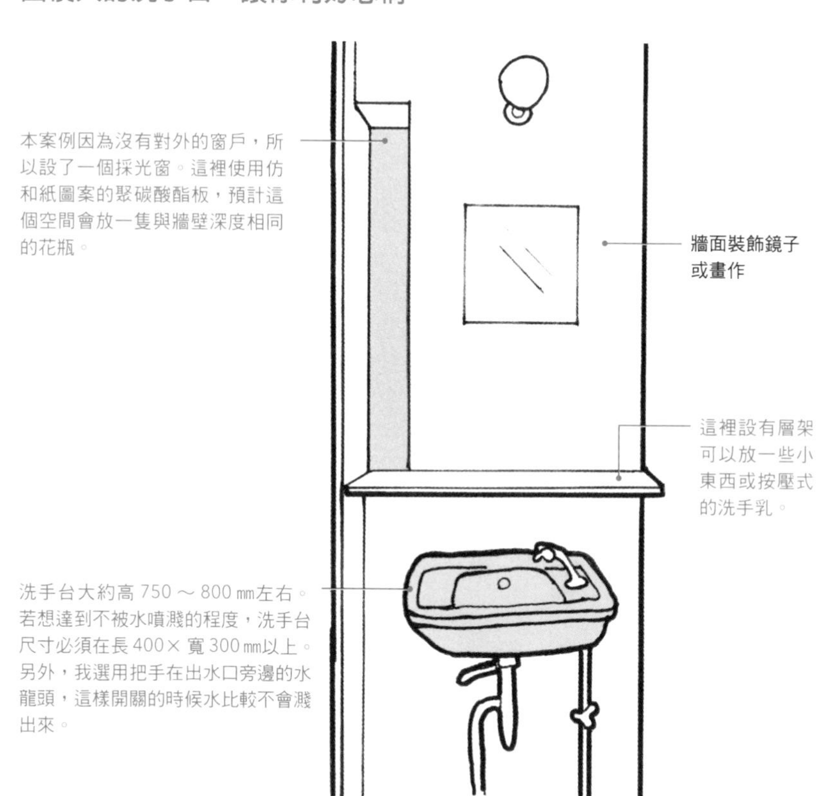

本案例因為沒有對外的窗戶，所以設了一個採光窗。這裡使用仿和紙圖案的聚碳酸酯板，預計這個空間會放一隻與牆壁深度相同的花瓶。
牆面裝飾鏡子或畫作
這裡設有層架可以放一些小東西或按壓式的洗手乳。
洗手台大約高 750 ～ 800 ㎜左右。若想達到不被水噴濺的程度，洗手台尺寸必須在長 400× 寬 300 ㎜以上。另外，我選用把手在出水口旁邊的水龍頭，這樣開關的時候水比較不會濺出來。

在頂樓享受天空與全景的視覺饗宴

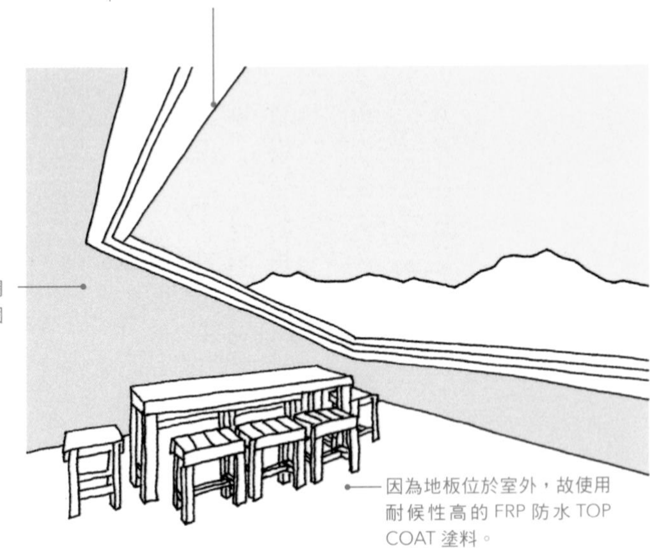

令人憧憬的露天陽台

頂樓可以說是都市住宅最後的花園。本案例是把山形屋頂削掉一塊之後形成的露天陽台。背後與左右兩邊斜切的牆面，可遮蔽鄰居的視線自成一方天地。在露天陽台可眺望都市全景，抬頭望天時也能夠直接接觸半圓形的天空。秋冬換季或冬天來臨時，可以在溫暖的陽光中與家人、朋友在這裡閒聊兼用餐；到了夏天可以在這裡享受黃昏後涼風徐徐吹來、暢飲啤酒的樂趣。

（野口）

第5章

有品味的裝潢細節

本章將介紹設計師心中暗藏的「專業而精密的零件」、「打造好宅的巧思」等眾多案例。

即便日常生活中不會特別注意，但講究細節設計就能提高居住者的生活品質。除此之外，不同於外觀統一、毫無表情的市售品，設計師下工夫所訂製的零件，獨一無二的特別之處讓居住者更加喜愛自己的家。雖然只是一棟普通的住宅，但若住過就能了解其中差異，本章要向您介紹這些令住宅符合每個家庭需求、獨一無二的好點子。

（石黑）

踢腳板的高度與形狀

踢腳板用於地板與牆面的交接處。最近，因為想讓房間看起來比較寬敞，不少人選擇不裝踢腳板或者縮小踢腳板尺寸。然而，縮小踢腳板尺寸反而需要更精密的施工。因此，我一直都採用存在感強烈的上牆式踢腳板，高度為75㎜、突出牆面約10㎜。這個尺寸不但施工簡便，也能有效防止牆面損傷或髒汙。古典風格的室內設計，踢腳板高度通常會比一般高度多一倍。除了上牆式踢腳板以外，還有「內嵌式踢腳板」（＊）等不同樣式，可依照房間的用途或氛圍選擇不同款式。

（菊池）

依照房間風格選擇踢腳板

拉高踢腳板與腰壁板的高度，加上牆面與天井之間的收邊線板就能營造出古典的氣氛。然而，天井低的空間加上這些裝飾反而會有壓迫感，因此踢腳板、腰壁板、天井線板的尺寸都必須依照天井高度來選擇。另外，我建議天井收邊線板越簡練越好。

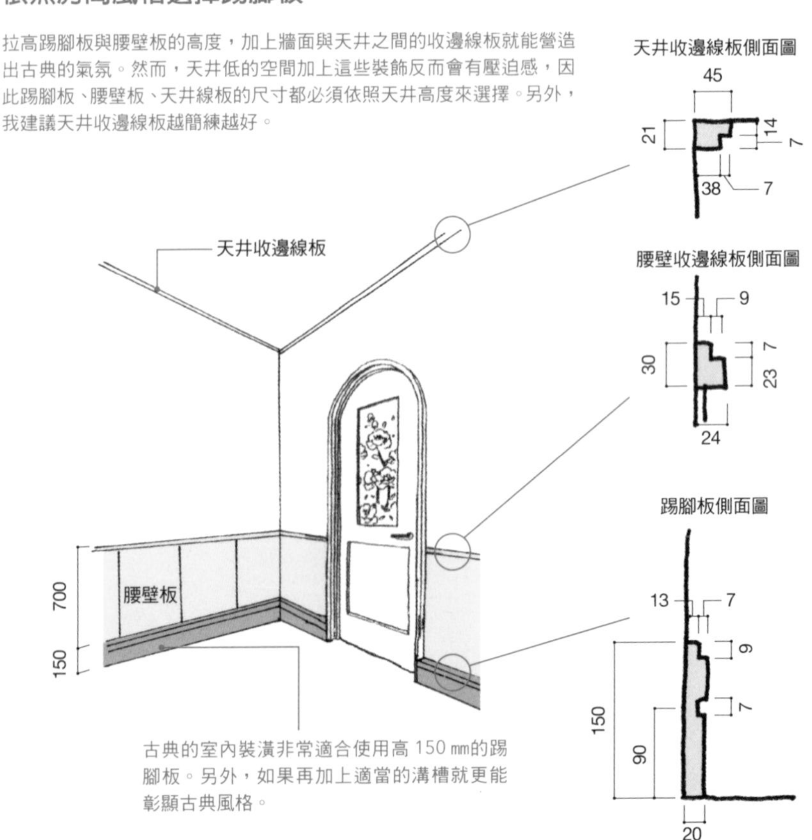

古典的室內裝潢非常適合使用高150㎜的踢腳板。另外，如果再加上適當的溝槽就更能彰顯古典風格。

＊內嵌式踢腳板：隱藏在牆面中的踢腳板。

室內牆面乾淨俐落

「內嵌式踢腳板」與牆面融合在一起，不同於一般的「上牆式踢腳板」，既不會堆積灰塵牆面又乾淨俐落。

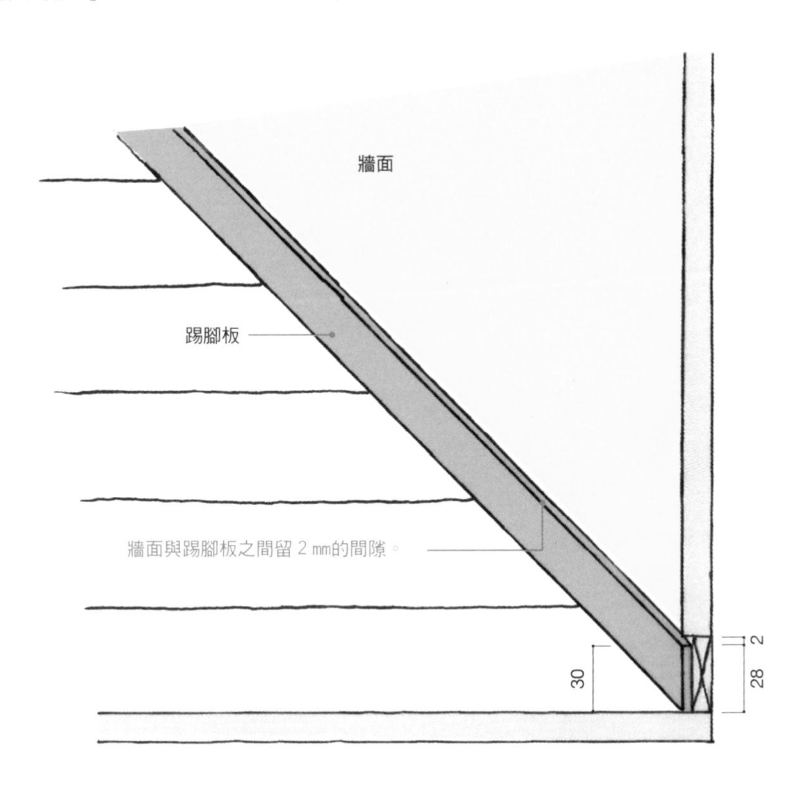

不堆積灰塵的內嵌式踢腳板

在裝潢材料不斷進化之下，有些案例會選擇不使用踢腳板。然而，牆面很容易因為吸塵器的吸頭等用品受損或變髒，我建議還是做踢腳板會比較好。

踢腳板施工最容易也最普遍的類型是「上牆式踢腳板」。雖然只突出牆面一點點，但仍然容易堆積灰塵。這時候不妨採用「內嵌式踢腳板」，不僅不會堆積灰塵牆面又能乾淨俐落。

（田代）

線板也是室內裝潢的一部分

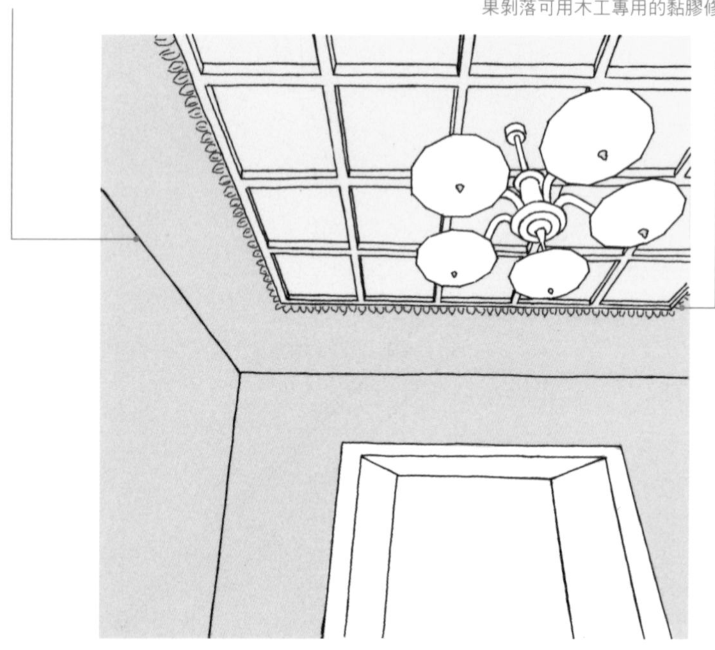

天井與牆面交接處可使用線板裝飾，但若天井與牆面為相同材質則可省略。
格子天井四周線板是採用灰泥製作的樹葉圖案所製成。這也是線板的一種，如果剝落可用木工專用的黏膠修復。

舊西式建築常見的天井或窗櫺四周的線板非常美麗。以前線板材質多為灰泥或木材，現在則有硬式發泡聚氨酯等較輕且多樣的款式，可依照自己喜好的風格挑選。

天花板邊緣的精緻線板

和室通常天井會鋪設木板，牆面則採用灰泥，加上相接兩者的線板就能完美收邊。另一方面，西式建築通常因為天井與壁面皆為相同材質，常常不用線板。如果天井與牆面的材質不同，盡量裝上小尺寸、與牆面同色系的線板，不僅能降低線板存在感，還能讓房間看起來更寬闊。若想營造更寬闊的視覺效果，不妨在天井四周做凹槽再放入線板，形成「隱藏式線板」。若使用有雕刻花紋或者大尺寸的線板，更能彰顯古典風格。

（菊池）

利用樓梯誘導人們順暢地走上二樓

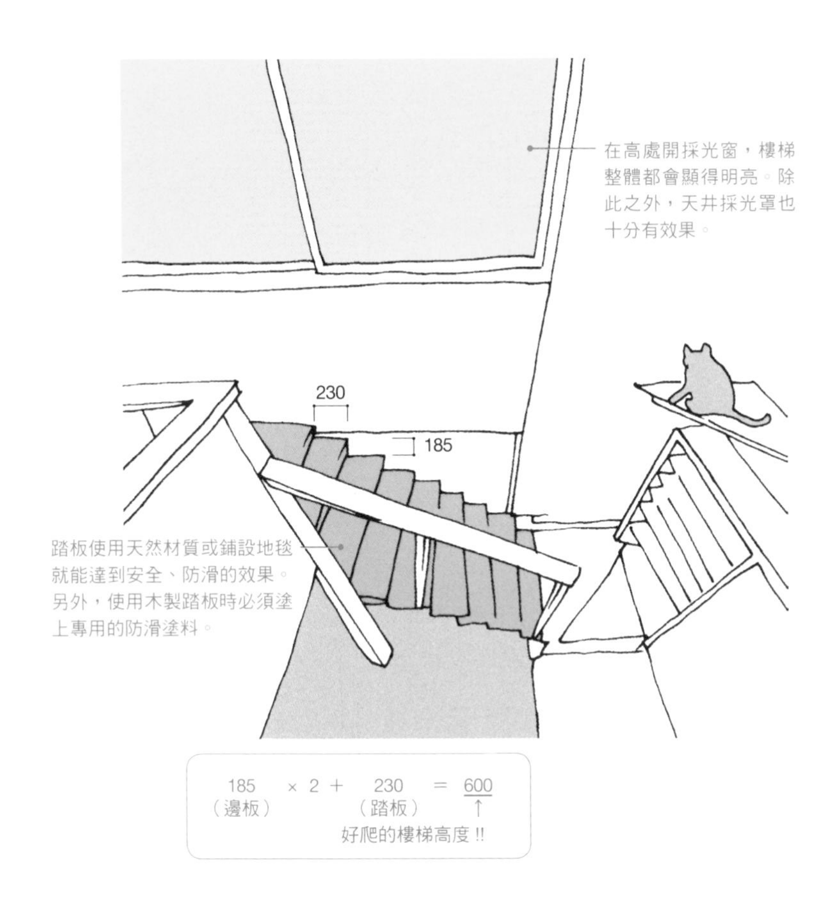

在高處開採光窗，樓梯整體都會顯得明亮。除此之外，天井採光罩也十分有效果。
230
185
踏板使用天然材質或鋪設地毯就能達到安全、防滑的效果。另外，使用木製踏板時必須塗上專用的防滑塗料。

185（邊板）×2＋230（踏板）＝600
↑
好爬的樓梯高度!!

令人不禁想一探究竟的階梯

若客廳設在二樓，我通常會打造讓人不禁想往上走的階梯。其方法之一，就是開天井窗或在高處開採光窗等，使階梯整體充滿明亮感。

另外，階梯的邊板（A）與踏板（B），以A×2＋B＝600～650㎜的公式來設計尺寸會比較好走。樓梯最好鋪設不易滑倒的材料，而我通常會選用劍麻、耶子纖維等材質的地毯。若使用木質踏板可以在木材上塗一層防滑的樹脂塗料。

（田中）

樓梯的中牆使用輕薄材質

基本上，住宅的樓梯寬度都設定在910㎜，但我認為樓梯的寬度越寬越好。不過，因為必須控制整體所需空間，所以我把牆壁做薄一點把空間讓給樓梯。樓梯兩側的牆面若使用真壁工法，會比大壁工法（譯註：真壁工法會露出樑柱，而大壁工法則是把柱體完全包覆。）多出15～30㎜的空間。中牆寬度通常為150㎜，如果能縮減到50㎜就可以多出65㎜的有效空間。打造中牆時，不妨多看一些材質，盡量讓階梯整體成為又輕盈又寬闊的美麗空間。

（松澤）

削薄樓梯間的中壁

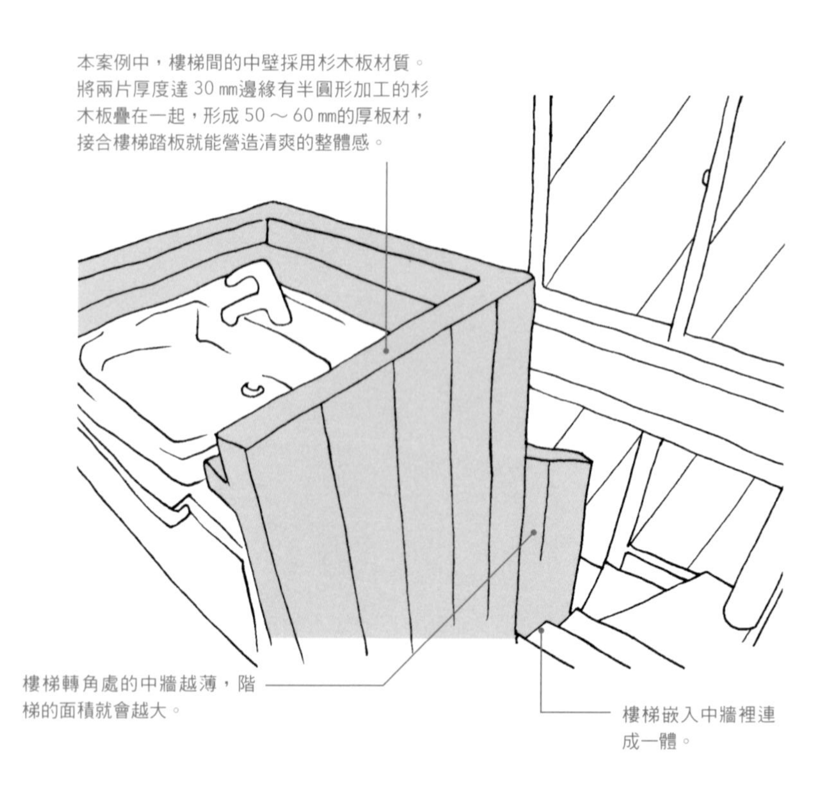

本案例中，樓梯間的中壁採用杉木板材質。將兩片厚度達30㎜邊緣有半圓形加工的杉木板疊在一起，形成50～60㎜的厚板材，接合樓梯踏板就能營造清爽的整體感。

樓梯轉角處的中牆越薄，階梯的面積就會越大。

樓梯嵌入中牆裡連成一體。

樓梯會隨著光線、風、溫度無時不刻地改變

從露天陽台撒下的光芒，吸引居住者到頂樓去吹風。

玄關上方也有充足光線。而且，從這個位置就能清楚地看見玄關的情形。

從和室與浴室區也可引進光線，從這裡就可以看到前面是客廳。

可遮蔽玄關視線的牆面。

兒童房與洗衣間露出光線，讓整體氣氛更為明亮。

重視樓梯隨光線、溫度變化的樣貌

相對於水平的空間，樓梯是穿透居住範圍並往上堆疊的架構，正因為樓梯的獨特性，更為居住者的視線帶來戲劇性的變化與轉換。有計畫地操作樓梯空間的開閉，能為階梯添加不同的魅力。設計階梯時，最重要的是引起人們想要由上往下俯瞰、由下往上仰望、從對面抑或從左右各個角度看階梯空間。

能夠時時刻刻感受陽光與風、季節變化的樓梯，將會成為一棟好宅的關鍵。

（野口）

安全第一，但觸感也很重要！

扶手材質需要較堅硬的木材，我建議使用硬質柳木人造木材。
扶手粗 36 ㎜ φ，為防止手滑採用八角形加工。
800
階梯扶手的高度為距離踏板前端 800 ㎜。

樓梯扶手規劃

在樓梯、廁所、浴室、玄關等有高低差或者容易滑倒的區域加裝扶手，讓使用者能夠更為方便，而且又能提升安全性。

扶手如字面上所述，因為是手會直接接觸的零件，所以除了安全外觸感也很重要。除了浴室以外的其他區域，我建議使用觸感溫和的木製扶手。不僅視覺上能感受到溫暖，而且在住宅中也不會顯得格格不入。扶手的尺寸可以依照居住者的手掌大小來決定直徑，設計上具有非常高的自由度。

（落合）

隱藏窗簾盒的好方法

吊掛窗簾時，總是會希望窗簾盒不要那麼顯眼。若是距離天井近的窗戶，窗簾盒可以直接嵌入天井中，或者在窗戶上設一段垂壁，不僅可以遮住窗簾盒還不會堆積灰塵。如果窗戶離天井有一點距離，則可使用小尺寸的窗簾盒並塗上與牆面相同顏色的油漆，或者在厚層板上嵌入軌道就可以讓牆面顯得乾淨俐落。另外，窗簾必須要完整地覆蓋窗戶，隔熱效果才會更好。我推薦 HONEYCOMB SCREEN 等廠商生產的隔熱材料。（伊藤）

隱藏窗簾盒的方法

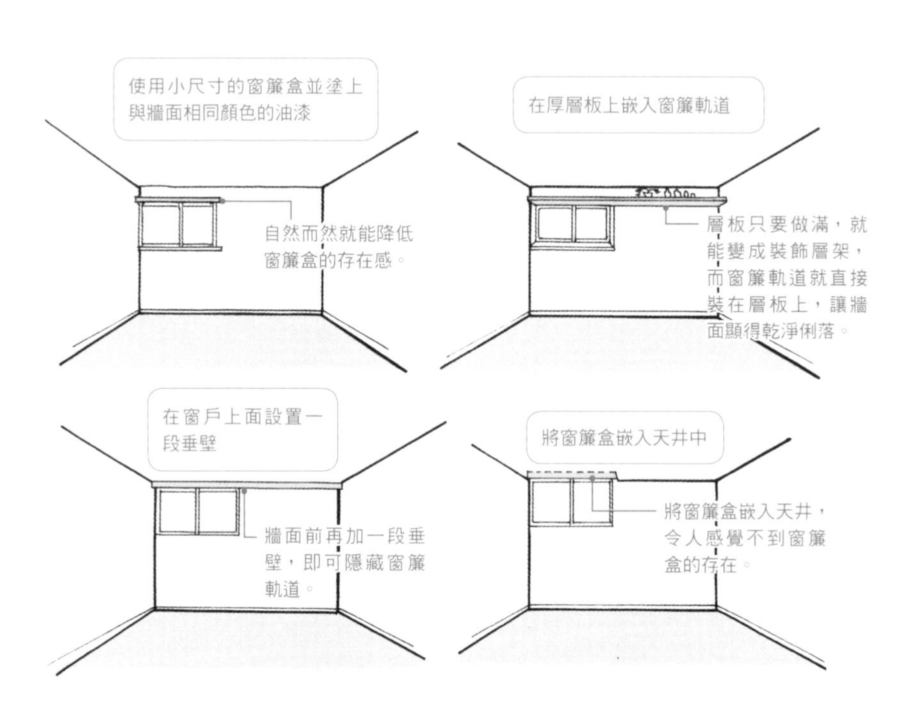

斜面隔間的方法

通常要把空間一分為二時，都會採用與原有牆面平行的方式切割。本案例則是採用平面式的斜面切割法。如圖所示，牆面與拉門呈斜面錯開，一切都是為了不想讓門框太過搶眼。牆壁與門框總共有四面，每一面的間隙都以鏡子填滿，打造出整片連續牆面的效果。混合日式、西式建築的住宅，通常都會出現真壁工法與大壁工法（譯註：真壁工法會露出樑柱，而大壁工法則是把柱體完全包覆。）同時存在的空間，其相連的間隙往往會變得含糊不清。此時，只要採用這種手法就能溫和地連接起大壁與小壁之間的縫隙。

（久保木）

宛如四面牆串聯在一起的玄關設計

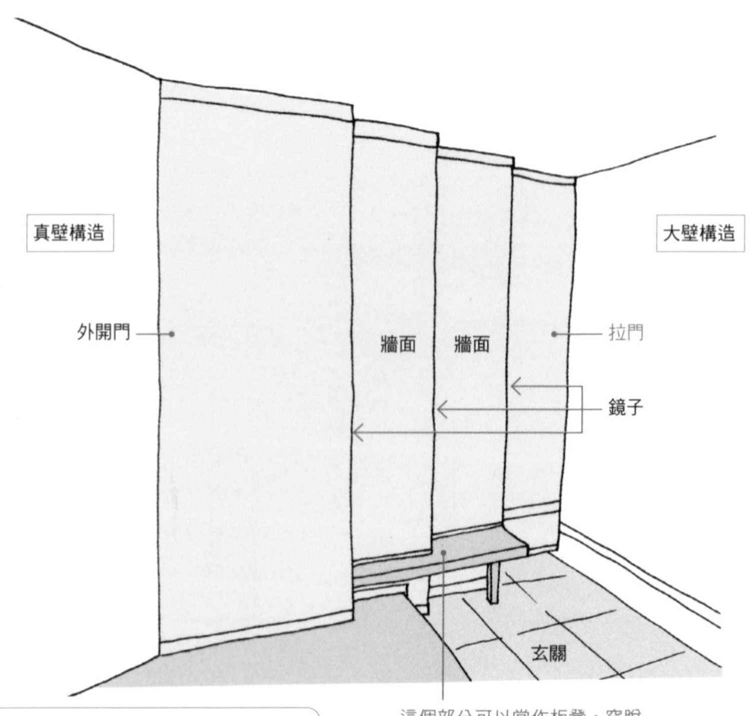

設計平面計畫時，我刻意將拉門、牆壁與外開門板連成一氣，宛如四面牆串聯在一起。

這個部分可以當作板凳，穿脫鞋子很方便。

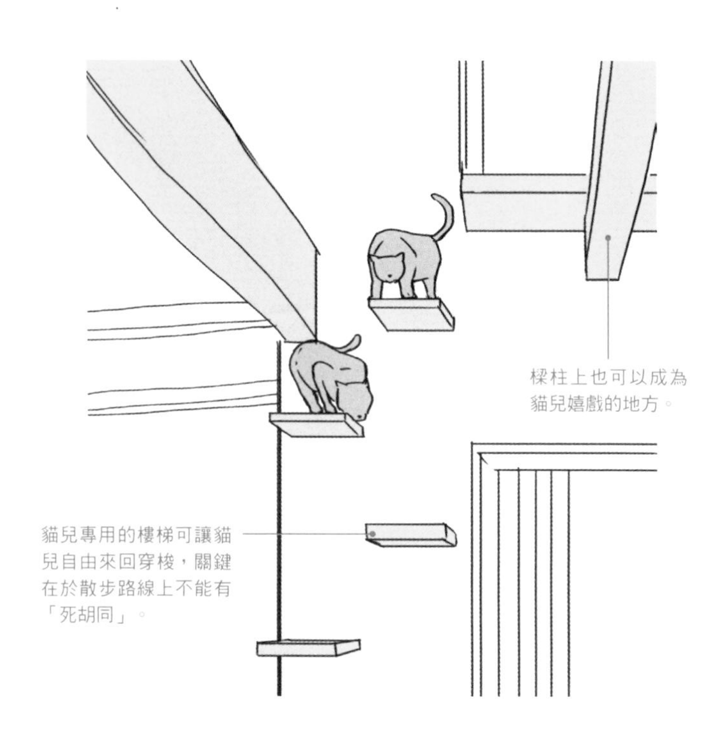

與寵物貓一起生活的設計

最近很多人在室內養寵物。如果是養貓的話，因為貓有自己在家裡走固定路線散步的習性，所以在牆上設置階梯、或者讓貓也可以走上樑柱，就能利用貓兒超群的運動力讓整個家充滿活動式的立體感。

設計的關鍵在於，不要讓家裡的散步路線出現「死胡同」。除此之外，收納寵物飼料以及廁所的位置決定之後，必須下功夫去思考防臭的通風扇等機械如何設置。

（丹羽）

展現傳統風範的和式壁龕

現在仍然有很多摩登和風住宅會採用壁龕。有壁龕的住宅會令人感覺豪華而且充滿季節感。除此之外，還可以透過壁龕教導孩子日本整年有哪些節慶，一家人共度美好時光。

最近比起傳統風格，更多人採用簡單的壁龕設計。依照現場狀況不同，有些壁龕會把裝飾用的床柱省略，但我認為如果能夠多花點心思設計床柱與床框（譯註：壁龕前的木框。）、壁龕前橫木的高低、粗細、厚度等尺寸更能打造美麗的壁龕。

（川口）

慎重選擇壁龕周邊裝飾建材的尺寸、材質

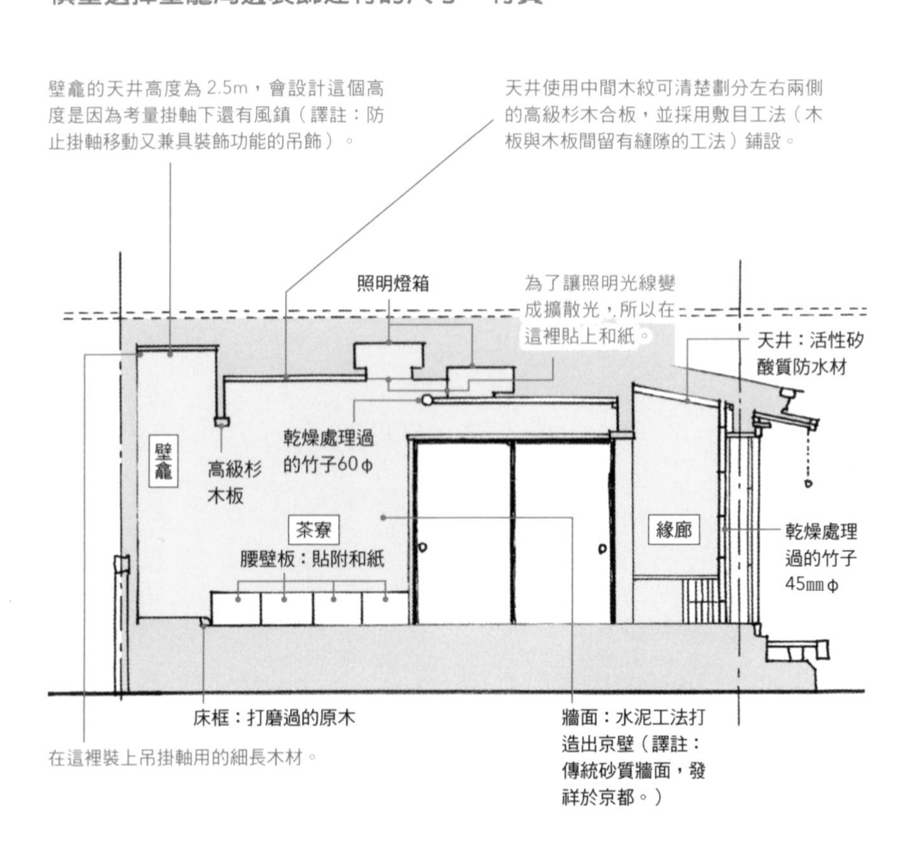

壁龕的天井高度為 2.5m，會設計這個高度是因為考量掛軸下還有風鎮（譯註：防止掛軸移動又兼具裝飾功能的吊飾）。
天井使用中間木紋可清楚劃分左右兩側的高級杉木合板，並採用敷目工法（木板與木板間留有縫隙的工法）鋪設。
照明燈箱
為了讓照明光線變成擴散光，所以在這裡貼上和紙。
天井：活性矽酸質防水材
壁龕
高級杉木板
乾燥處理過的竹子60φ
茶寮
腰壁板：貼附和紙
緣廊
乾燥處理過的竹子45㎜φ
床框：打磨過的原木
牆面：水泥工法打造出京壁（譯註：傳統砂質牆面，發祥於京都。）
在這裡裝上吊掛軸用的細長木材。

隱藏門框之後空間會變得更清爽

隱藏式門框加上單片拉門的外觀與 FIX 固定窗一模一樣，可以完整地將室外景色拉進室內

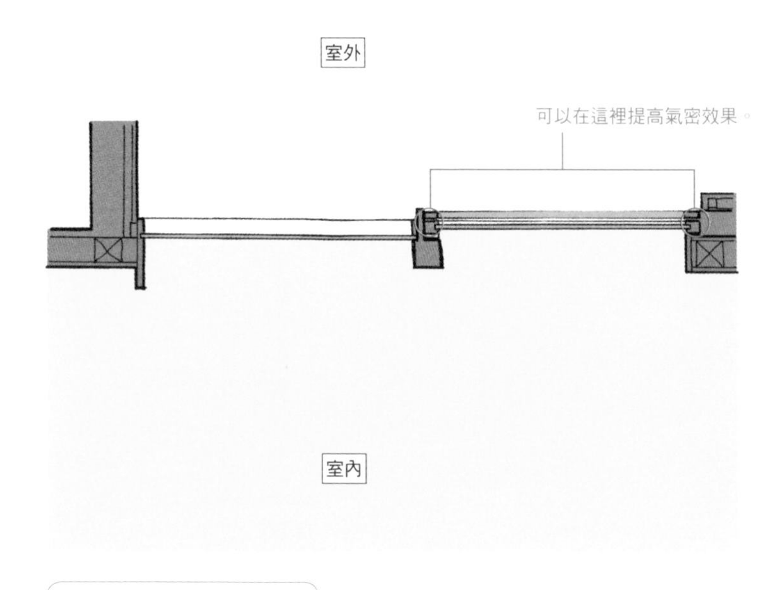

四周所有的木框與門框連接的寬度設定在 30 mm以上。

隱藏式木製門窗框

訂 做木製門框的好處是可以自由自在地設計，但必須注意確保氣密效果。一般的做法很容易在門框與上下衡量之間產生縫隙，但若能將門框隱藏於門柱等木框內，因為可推動的部分與木框接觸的面積變大，就能提高氣密效果。

除此之外，隱藏式木框可以完整地將室外景色拉進室內。如果使用對開拉門，外側門板與門框之間容易產生縫隙，不妨使用ＦＩＸ與單片拉門結合的方式施工。

（松原）

使用原創門框打造整體感

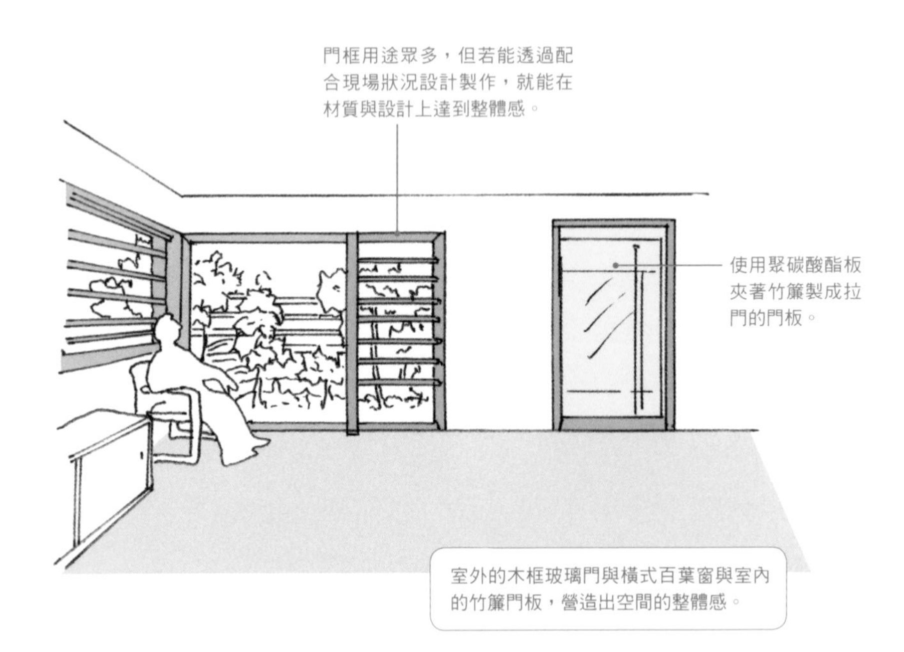

訂製隱藏式拉門

相較於外開式門板，拉門所需的開閉空間比較小，又能隱藏於牆壁之中不會遮蔽行動路線。若採用訂製拉門，還可依照用途與條件來製作。然而，製作拉門時必須考量門框容易受溫溼度影響，必須徹底思考如何應對門框變形與氣密效果等問題。本案例在面對室外的木框玻璃門以及橫式百葉窗上裝設較深的屋簷並降低門框高度，藉此降低變形機率。另外，單開式拉門之隱藏式門框設計，能夠提高氣密效果。

土間玄關的門框是通往客廳的要道，除了具備防風效果之外，還要傳遞室外的情況並令人感到寬敞，所以我在本案例中使用聚碳酸酯板夾著竹簾製成拉門的門板。（赤沼）

講究拉門把手的形狀、大小、高度

住宅裡有很多像拉門、或者收納櫃的抽屜等需要用手拉開的地方。使用上順不順手，取決於把手的高度與大小。為了讓兒童與老年人、甚至身體不方便活動時都能方便地使用，我盡量會把拉門的寬度和深度加大。譬如在門板上直接挖出一條與門等長的溝槽，無論身高多高都能輕鬆使用，外觀看起來也很清爽。若門板是拉進牆面中的形式，那麼就必須使用半旋轉式的把手或者預留30㎜的寬度。至於抽屜的把手，則必須挑選省力的形狀與大小。

（菊池）

使用與門板同高的溝槽當作把手讓外觀更清爽！

本案例未使用市售制式門框，我們採用簡樸設計讓門框更好用而且與周遭空間連成一體。

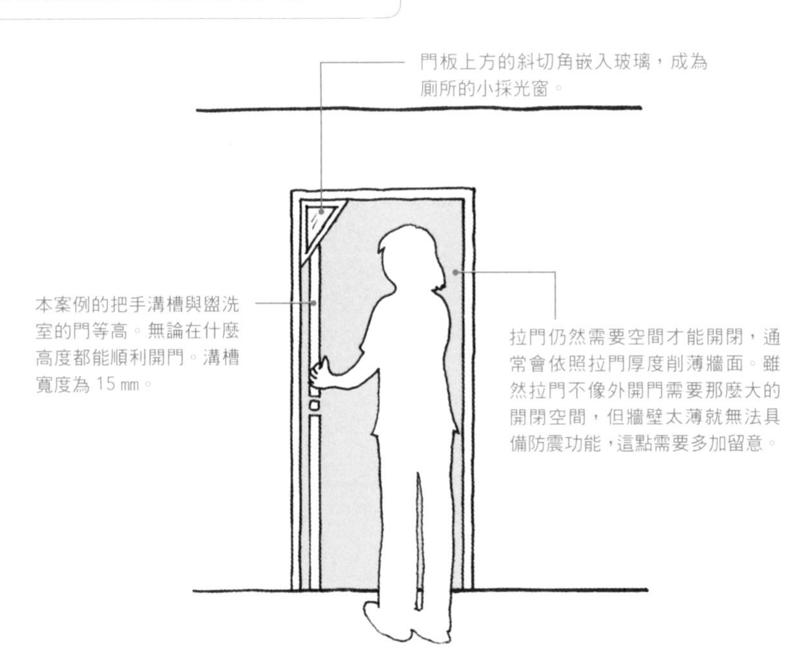

門板上方的斜切角嵌入玻璃，成為廁所的小採光窗。
本案例的把手溝槽與盥洗室的門等高。無論在什麼高度都能順利開門。溝槽寬度為 15 ㎜。
拉門仍然需要空間才能開閉，通常會依照拉門厚度削薄牆面。雖然拉門不像外開門需要那麼大的開閉空間，但牆壁太薄就無法具備防震功能，這點需要多加留意。

用水空間中使用的金屬配件

廚房、盥洗室、更衣室、浴室等用水空間中，有許多把手、扶手等金屬零件，而且居住者經常在手上濕潤的狀態下觸碰這些零件。因此，我會建議使用髒汙不明顯、不易生鏽、容易清潔的材質——「髮絲紋加工不鏽鋼」製造把手。這種材質因為沒有塗層或鍍金屬，所以不會有外層剝落的問題，可長期保持亮麗外觀。

一般而言，毛巾架與捲筒衛生紙架等金屬類物品也都採用髮絲紋加工不鏽鋼，因此其他零件也採用相同材質，會更容易塑造整體感。

（伊澤）

使用防水性強的髮絲紋加工不鏽鋼打造零件

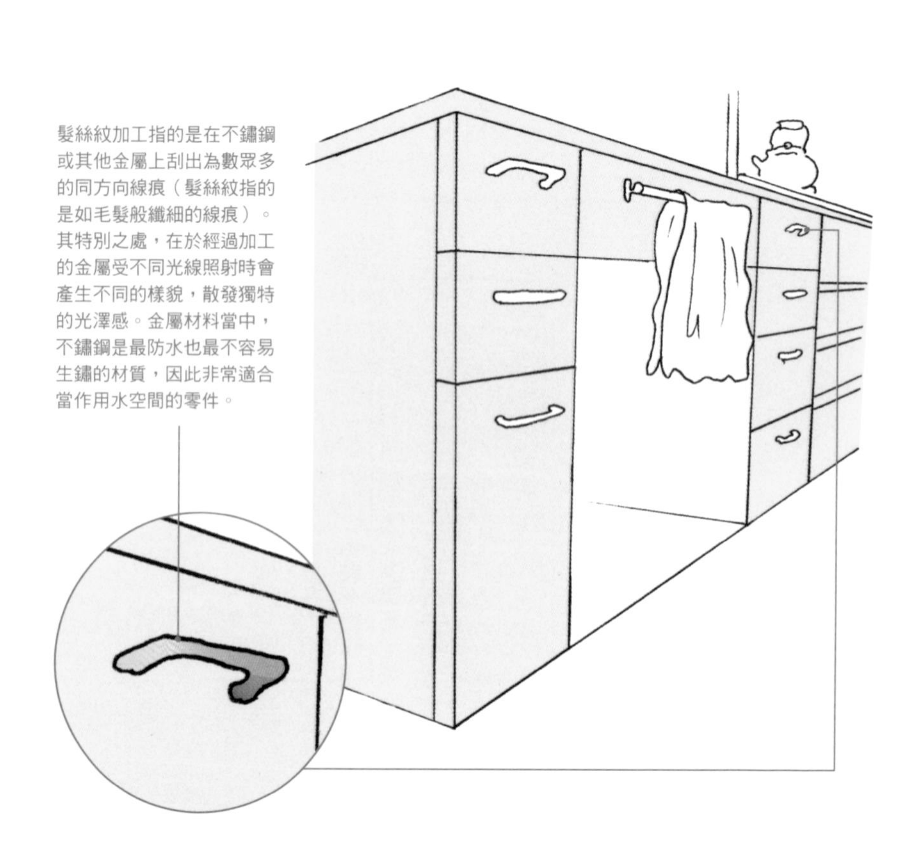

髮絲紋加工指的是在不鏽鋼或其他金屬上刮出為數眾多的同方向線痕（髮絲紋指的是如毛髮般纖細的線痕）。其特別之處，在於經過加工的金屬受不同光線照射時會產生不同的樣貌，散發獨特的光澤感。金屬材料當中，不鏽鋼是最防水也最不容易生鏽的材質，因此非常適合當作用水空間的零件。

不想露出鉸鏈時，可選擇隱藏式鉸鏈

內嵌式門板指的是門板嵌入外框內側的工法。外接式門板則是把門板固定於框體外側的工法，常見於衣櫃的收納門。

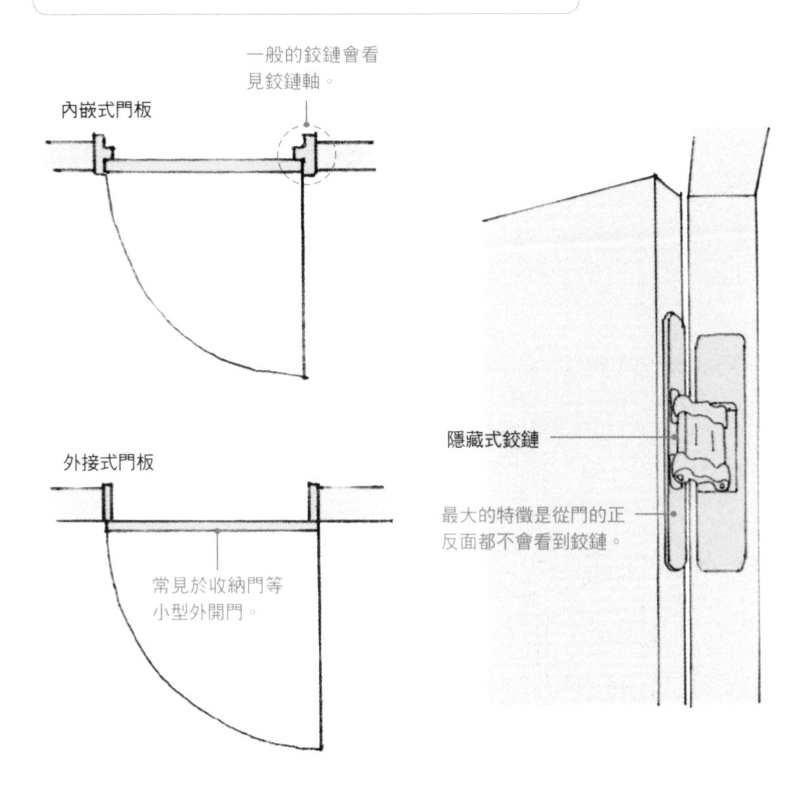

鉸鏈的使用方法

外開門或收納門會使用到各種鉸鏈。若是內嵌式門板，最常使用蝶形鉸鏈、甲板鉸鏈，但使用這些鉸鏈會在門框的間隙中看到鉸連軸。如果不想露出鉸鏈軸，則可選擇使用隱藏式鉸鏈。收納門如果是外接式的門板，通常會使用滑軌鉸鏈，但缺點是經過長期使用後螺絲會鬆動。尤其是大型的衣櫃門通常很厚重，水平校準會移位，所以不防在衣櫃外加上外框，把外接式門板改成內嵌式。

（久保木）

浴室裡的轉角窗

我通常會在浴室裡開一面窗，讓人在泡澡時可以享受室外的景緻與綠意。除此之外，浴室的門窗還具有採光與通風的功能。

浴室在生活空間中是私密的場所，也是能讓人洗滌身心的地方。在浴室裡裸體沐浴，必須仔細考量隱私來設計其位置與周圍植栽，或者採用百葉窗等工具來遮蔽室外的視線。

（宮野）

利用轉角窗營造寬闊的沐浴空間

狹窄的浴室裡也能享受室外綠意，在周邊放置一些花盆類的植栽就能成為迷你花園，為生活增添色彩。

從浴室轉角窗能看見室外綠意盎然。盥洗更衣室與浴室之間以玻璃板區隔，讓整個浴室區域都顯得更加明亮。

在盥洗室的正面開一扇採光窗吧！

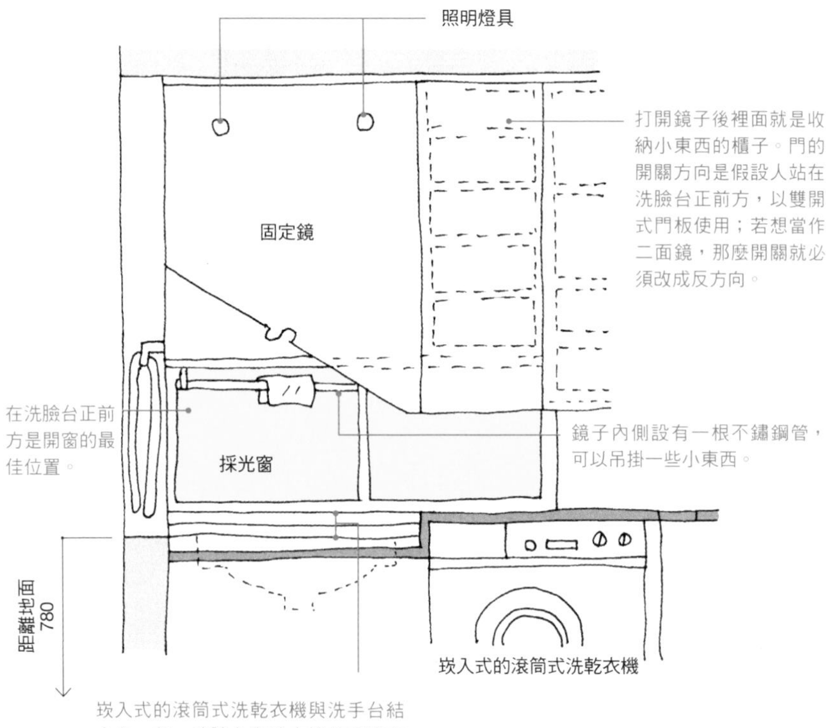

照明燈具
打開鏡子後裡面就是收納小東西的櫃子。門的開關方向是假設人站在洗臉台正前方，以雙開式門板使用；若想當作二面鏡，那麼開關就必須改成反方向。
固定鏡
在洗臉台正前方是開窗的最佳位置。
採光窗
鏡子內側設有一根不鏽鋼管，可以吊掛一些小東西。
距離地面 780
崁入式的滾筒式洗乾衣機
崁入式的滾筒式洗乾衣機與洗手台結合在一起。洗臉台與洗衣機的高度有一點落差，我以用起來順手為優先而故意留下高度差距。

盥洗室的採光窗

人通常在盥洗室裡洗臉、刷牙、化妝，因此不只需要許多收納小東西的空間與鏡子，還需要毛巾收納櫃、毛巾架以便更衣時使用。如果要滿足上述的需求，牆面上幾乎都必須做成收納櫃，沒有能開窗的餘地。唯一剩下的空間，只有鏡子與洗臉台之間的一小段牆面。在這段牆面上開個小窗戶，改善採光之餘又不會與路人對到視線。

（本間）

北面窗戶的採光

窗 戶若高至天井，光線因為經過天井反射能使房間更為明亮。不同於南面的直射光，北面的光線較為穩定且不刺眼。一般而言，住宅北面通常位於內側，如果是位於住宅區，應該很多庭院都設在內側。若把氣窗（對流窗）設於北側不僅能遮蔽鄰居的視線，也能引進溫和的光線。透過這種方式就能使坐南向北的房間更明亮。（小野）

北面的光線較穩定

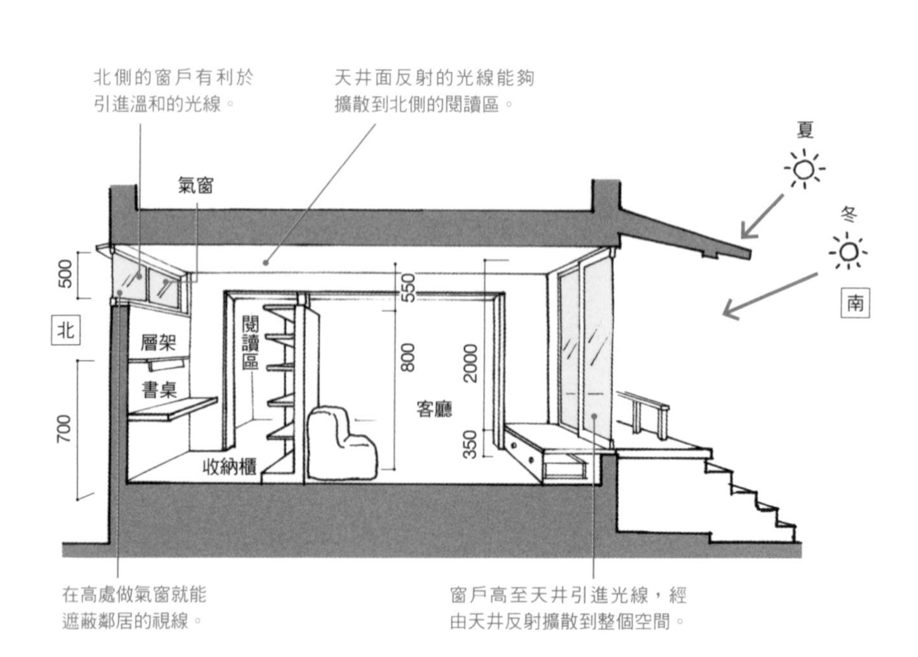

寬幅超過 3 公尺的窗戶打造開闊感

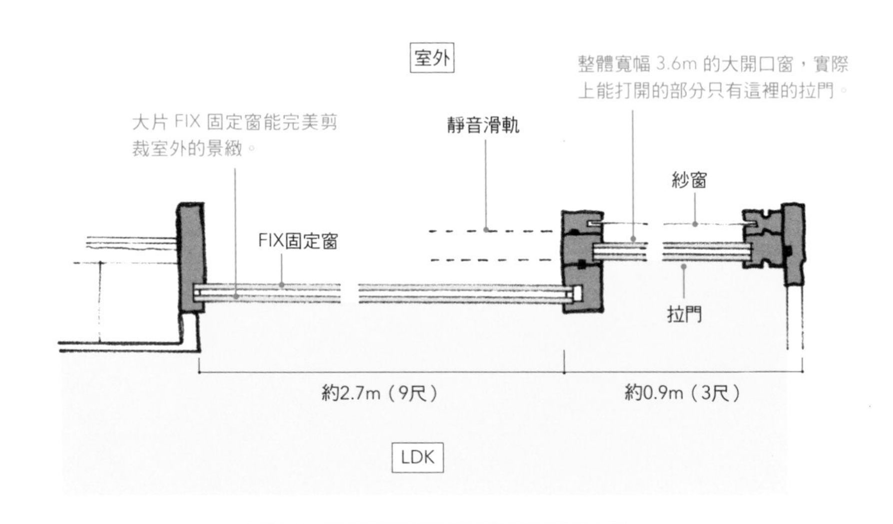

窗戶開口的整體寬幅約為 3.6m（12 尺），FIX 固定窗與拉門皆為木製窗框。打造大片 FIX 固定窗，可減少移動的部位提升氣密效果，另一方面也可防止木製品的翹曲或變形。

大開口隱形無框窗

若想追求空間開闊感，門窗的尺寸就必須做大。一般而言，大尺寸的窗框通常寬12尺（約3.6m），若採用市售鋁框則需要4片推拉窗。我推薦使用9尺（約2.7m）FIX固定窗與3尺（約0.9m）推拉窗組成的木製窗框。如果使用4片推拉窗，窗戶關閉時會出現很多條縱線，有損室外的景緻。減少門框不只是好看而已，還具有提高氣密效果、減少翹曲變形的風險。

（根來）

橫向連續窗有助於空間配置

若在高處開橫向的連續窗，窗戶下的牆面就能有效運用。對小房間而言運用牆面空間十分重要，有了大片牆面也更容易配置床座等家具。

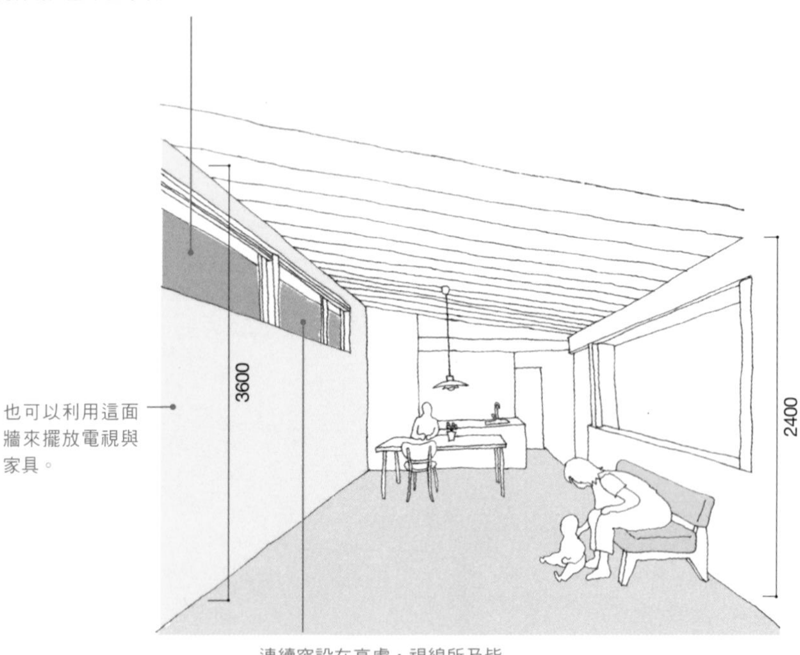

也可以利用這面牆來擺放電視與家具。

連續窗設在高處，視線所及皆是室外藍天，不會令人感覺到室外的喧囂。

活用橫向連窗

在景色優美的郊外可使用橫向的連續窗，讓視線跟著窗戶移動享受全景的美感。在都會地區的住宅，可以藉由沿著天井的連續窗避開外界的視線，同時又能看見光線與藍天。除此之外，如果沒有多餘的樓板面積，亦可活用橫向連續窗下方的牆面，配置家具也就更加輕鬆了。若是位於準防火區域內的建築，要加裝連續窗可能有點困難，但我仍然希望能夠盡量採取這種作法。

（石黑）

打造和式氛圍的圓窗

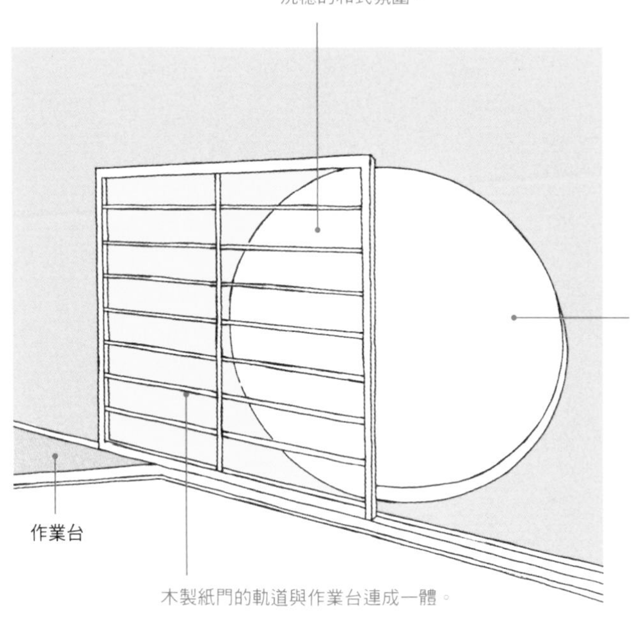

映在紙門上的圓形陰影營造沉穩的和式氛圍。
內壁的圓形開口直徑為630㎜。內壁後方有市售的滑軌式門框與折疊式紗窗
作業台
木製紙門的軌道與作業台連成一體。

展現和式風格的圓窗

本案例是一棟低成本住宅，屋主強烈要求和室的開口處一定要做成圓形並加上紙門，所以催生了上圖的設計。若是要將門框或紙門做成圓形，製作成本會相當高。於是我採用的設計方法是將內壁挖成圓形，讓圓形開口的陰影映在紙門上，如此一來門框、紗窗都可以購買現成的材料，只需要多加一點成本在圓形洞口即可打造出圓形窗的感覺。圓窗與紙門的搭配，讓空間產生多變的樣貌。

（杉浦）

可避開鄰居視線又可採光的地窗

住

宅與鄰屋相接時，我建議使用地窗採光。使用地窗的好處，在於不必介意鄰居的窗戶位置或視線，同時又能採光通風。除此之外，地窗上的空間可以拿來收納物品。如下圖所示，在收納櫃下方配置間接照明燈具，地窗的窗台就成了展示空間。住宅位於市中心時，往往與鄰屋的距離不到1公尺，藉由地窗可以在建築物之間狹窄的縫隙中採光，也能增加視覺上的深度。

（根來）

把地窗當作展示空間

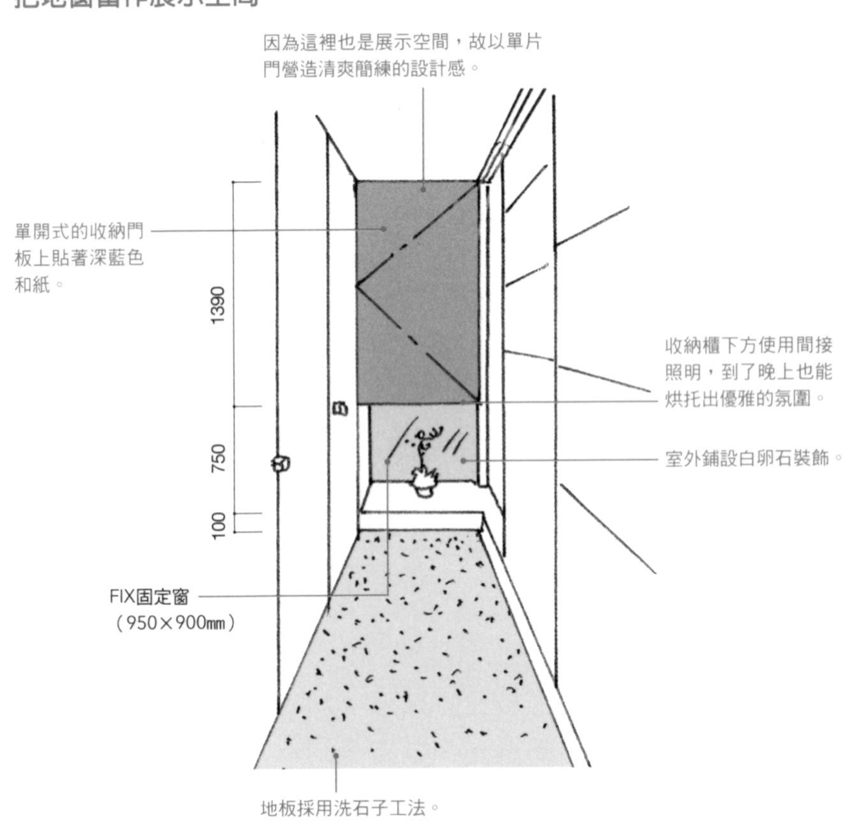

因為這裡也是展示空間，故以單片門營造清爽簡練的設計感。
單開式的收納門板上貼著深藍色和紙。
1390
750
100
收納櫃下方使用間接照明，到了晚上也能烘托出優雅的氛圍。
室外鋪設白卵石裝飾。
FIX固定窗（950×900㎜）
地板採用洗石子工法。

推拉窗改造為橫推窗的妙用

刻意將推拉窗改為橫推窗是為了將紗窗推入牆面，讓窗外景緻能夠完整呈現。門框其中一側固定在牆面外緣，因此我刻意加上鋁塑合板統一牆面外觀。裝上窗框之後，牆面與鋁門框相接的部分則以增厚牆面的方式填補高低落差。如此一來，打開窗戶時幾乎不會看到鋁窗框，整體空間會變得十分清爽。（松原）

完美剪裁室外景緻的橫推窗

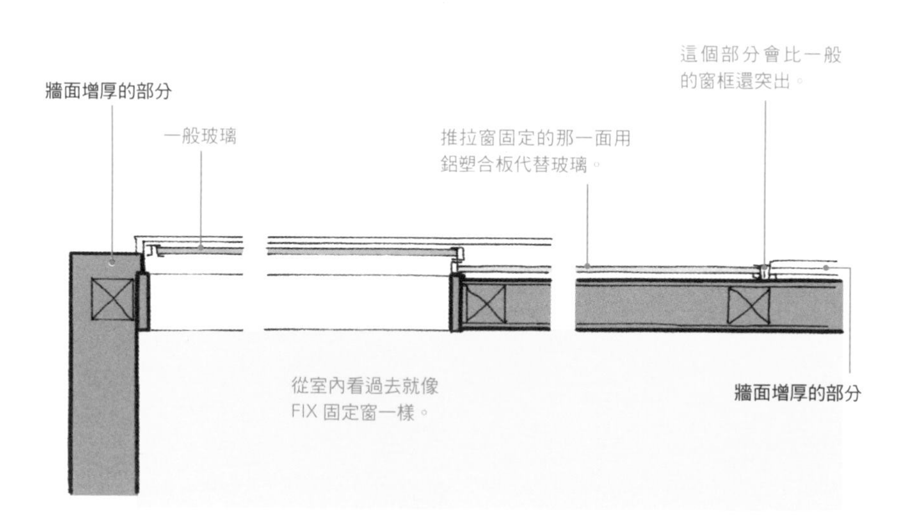

這個部分會比一般的窗框還突出。
牆面增厚的部分
一般玻璃
推拉窗固定的那一面用鋁塑合板代替玻璃。
從室內看過去就像FIX固定窗一樣。
牆面增厚的部分

防盜柵欄窗的妙用

柵欄窗不只能增添設計感與住宅氣氛，還具有其功能性。譬如在鋁框的外側裝上柵欄橫推窗時，我會在窗框上加上一道鎖。夏季的夜晚室外氣溫通常偏低，只關上柵欄窗，不僅具有防盜功能還引進室外涼爽的空氣。因此，我認為採用柵欄窗可遮蔽外界視線又能達到夜晚排風、通風效果，將柵欄窗本身的價值發揮得淋漓盡致。

（根來）

防盜欄窗兼具功能與摩登美感

附鎖的柵欄窗在夏季夜晚不僅能促進通風還能防盜。另外，柵欄窗為橫推式可沿著軌道收納至牆內，窗戶可以全開。

柵欄窗可遮蔽外界視線，因此在一樓的左右兩側設柵欄窗。設置兩個開口更有助於通風。

製作間隔一定距離的鏡板，打造通風良好的戶袋

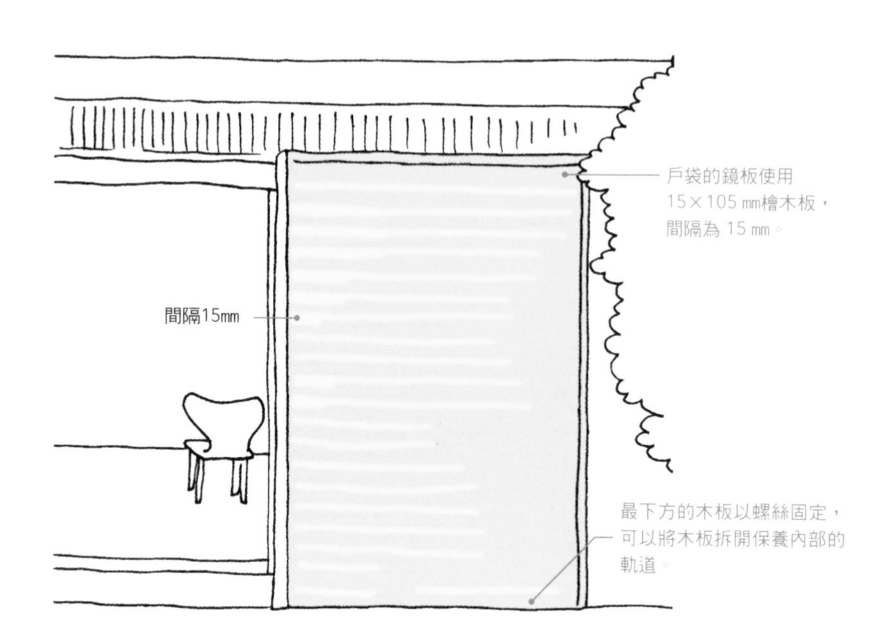

收納門板的戶袋

一般而言，木製門框的戶袋（譯註：戶袋指收納遮雨窗的空間）為了不讓門框汙損，通常都會加裝戶蓋（譯註：戶蓋指門框外圍的保護蓋）。考量門框維修保養，我會設計讓手能伸進戶袋內的軌道。我採用的方法是將橫向木板間隔一定的距離製作鏡板（譯註：鏡板指保護戶袋的外層板），在最下方用螺絲固定做成容易拆卸的構造。依山而居的住宅如果將戶袋封死，很容易就成為害蟲的溫床，所以我會將木板之間的間隙放大，製作明亮且便於通風的戶袋。

另外，鋁門框所附的戶袋與木造建築格格不入，故採用無鏡板的產品再加上木板遮蔽。

（松原）

具有多功能收納的玄關

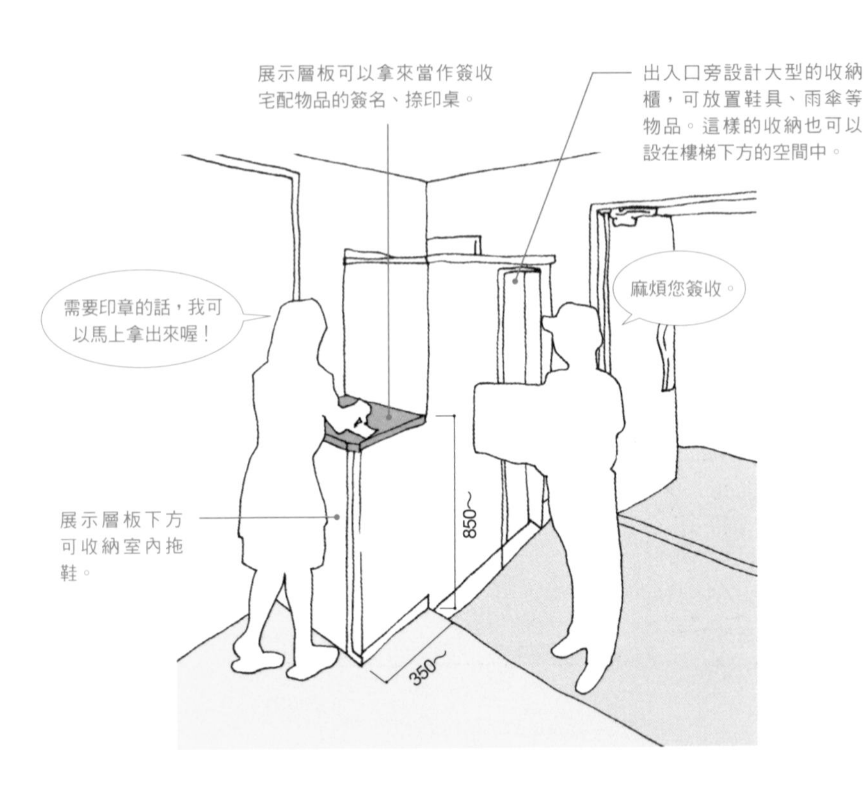

展示層板可以拿來當作簽收宅配物品的簽名、捺印桌。
出入口旁設計大型的收納櫃，可放置鞋具、雨傘等物品。這樣的收納也可以設在樓梯下方的空間中。
需要印章的話，我可以馬上拿出來喔！
麻煩您簽收。
展示層板下方可收納室內拖鞋。
850～
350～

玄關空間的配置

玄關附近總是會有各式各樣的鞋子。玄關土間區域放置平常穿的鞋子；通往客廳前須收納室內拖鞋；鞋櫃裡則是擺放婚喪喜慶時所穿的鞋子。除此之外還要有收納雨傘、大衣、鑰匙等物品的空間。

即便如此，收納也不是越多越好。留下空白的空間拿來裝飾鮮花或繪畫也很重要。留白的空間可以靈活運用，譬如暫時存放信件或簽收宅配物品時也可以當作工作台使用。

（田中）

玄關大門採用內開式

日本住宅本來都以拉門為主，但引進外開式門板之後，玄關皆以外開式門板為主流。然而，我認為玄關門採內開式不僅具有防盜性，同時也比較容易引導人進入室內。內開式門板的好處在於客人不必往後退就能進入室內，屋內的主人也不須放開喇叭鎖就能開門。因此，我建議玄關門應採取內開式門板。

（田代）

來訪者能順利進入屋内的「内開式」玄關門

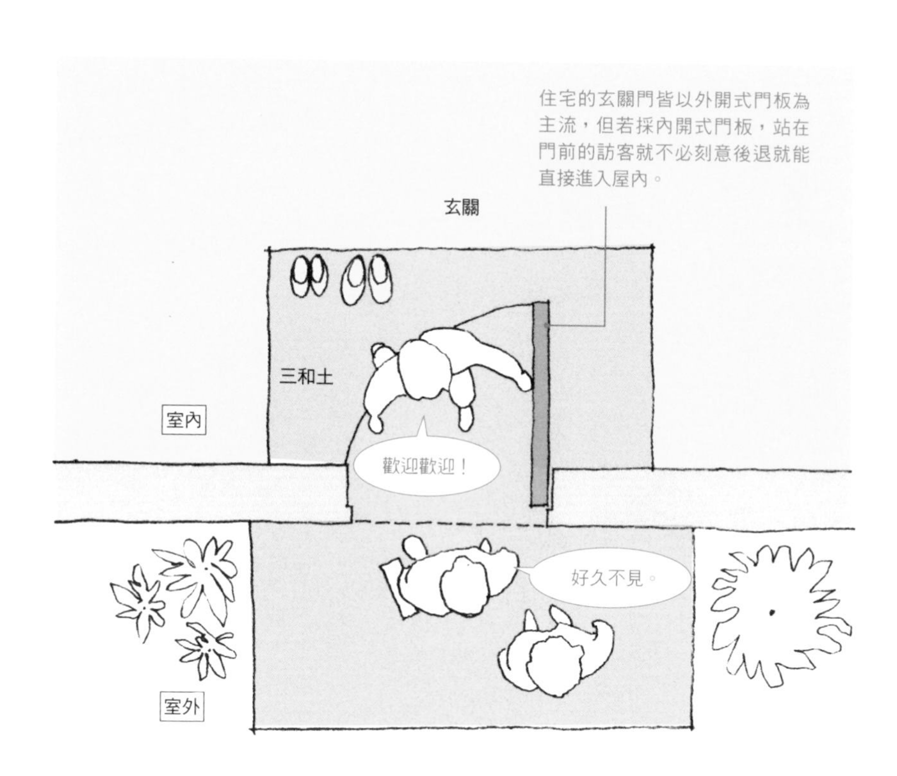

住宅的玄關門皆以外開式門板為主流，但若採內開式門板，站在門前的訪客就不必刻意後退就能直接進入屋內。
玄關
三和土
室內
歡迎歡迎！
好久不見。
室外

木製大門提高質感

玄關門是住宅重要的門面，因此我十分注重打造與眾不同的玄關門。訂做木製門板其實不會很貴，或許有人會擔心木材的防火性，但最近已經發現木材的防火性能並不差。即使是可能會延燒的木製玄關門，只要在內部加上厚0.8㎜的鐵板，木製門板也能達到合法的防火標準。迎接訪客的玄關門使用木製門板展現溫和的氣氛，這是其他材質難以取代的優點。（落合）

木製玄關門亦可具備防火功能

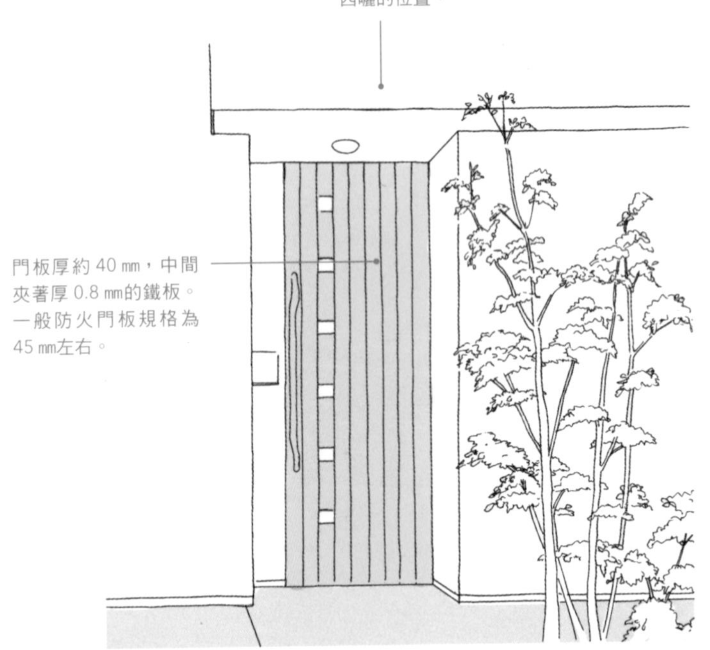

因為使用木製門框，所以必須注意拉長屋簷不能讓門淋雨。除此之外，還要避開會西曬的位置。
門板厚約40㎜，中間夾著厚0.8㎜的鐵板。一般防火門板規格為45㎜左右。

將門徑拉高避免積雪時不便進出

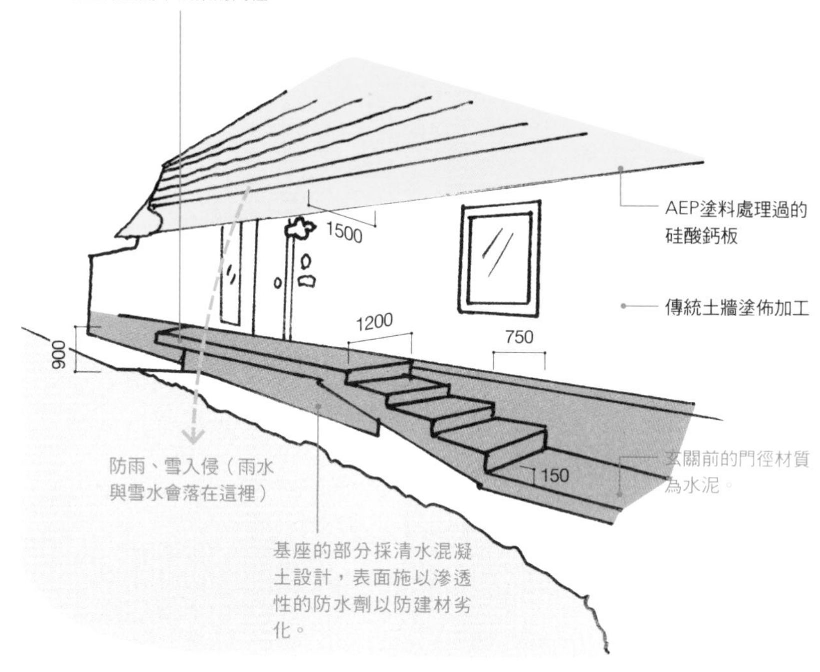

防範大雪來襲的建築構造

若住宅為會積雪的地區，從門徑到玄關前都必須有屋簷遮蔽，如上圖這樣把玄關設在高處較佳（離地面900㎜）。本案例位於長野縣中北部，設計住宅時必須預想，在寒冷的冬季積雪量可能在短時間內上升。因此，我將一樓的地板高度設在預計積雪高度以上，高地基除了防雪功能之外，對建築結構而言也較安全。本案例的設計不僅考量大雪成災時的避難路徑，也確保生活動線便於居住者使用。除此之外，門徑上用來避雨的大屋簷突出建築物1500㎜，其功能足以遮風避雨讓居住者安心生活。

（山下）

講究玄關前的門徑長度

本案例為狹長形建地，這種形狀在日本稱為「鰻魚之家」。因為建地細長，建築物的形狀也會隨之變得狹長。在規劃平面設計時就會發現，若把玄關設在接近道路的地方，進入室內時就必須通過很長的走廊。為了避免這種情形，我將玄關以及大廳、樓梯都設在建築物的正中央。

走到玄關之前的門徑是迎接客人最重要的地方，我在門徑的上方設置了大片遮雨棚，藉此讓來訪者對住家有好印象。

（山下）

令人印象深刻的狹長玄關遮雨棚

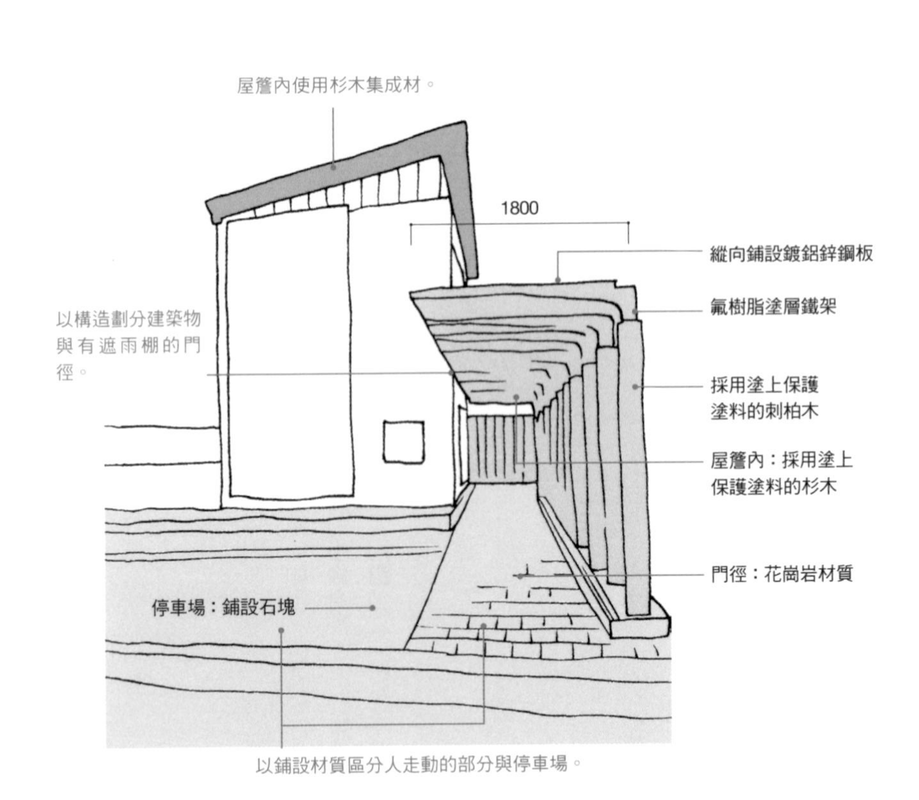

使用雙重防盜鎖，讓小偷自動放棄入侵室內

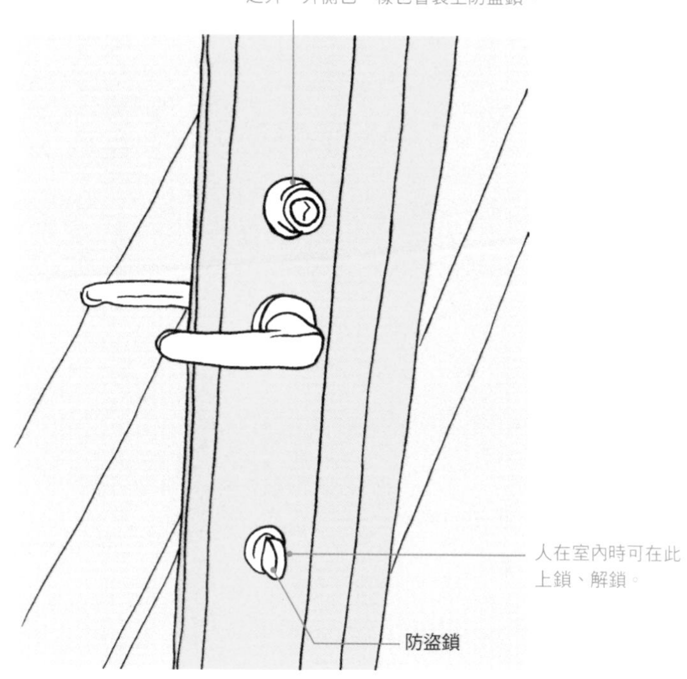

內側也裝有鑰匙孔的鎖頭可以有效防盜。除此之外，外側也一樣也會裝上防盜鎖。
人在室內時可在此上鎖、解鎖。
防盜鎖

每次都要使用鑰匙開關非常不方便，因此人在屋內時只要扭轉下方的防盜鎖就能輕鬆上鎖或解鎖。只有外出時才使用上下兩個鎖。

玄關加上兩道門鎖

據說小偷要闖進住宅內需要五分鐘，如果超過五分鐘會有三分之二的小偷會放棄。雖說裝設防盜玻璃與兩道鎖還是有可能遭小偷，但這些花時間才能入侵的繁複手續會讓小偷自動放棄。小偷不會破壞整片玄關玻璃門，而是開一個小洞讓手可以伸進門內，扭開內側的防盜鎖。為了防止這種情形，我建議門板內外側都裝上鑰匙孔，如此一來小偷就無法得逞。

（諸角）

玄關的防風效果

在日本，人們習慣脫鞋後再進入室內，幾乎每戶住宅都有三和土鋪設的玄關。三和土地面因為可以穿鞋進出，所以不能算是單純的室內空間，其角色往往模糊不清。若能清楚劃分區域，就能安心地進入玄關廳或走廊等室內空間。

此時，使用拉門可有效地劃分區域。除此之外，關上拉門也可以在冬季達到防風的效果。

（本間）

利用拉門區隔三和土玄關空間

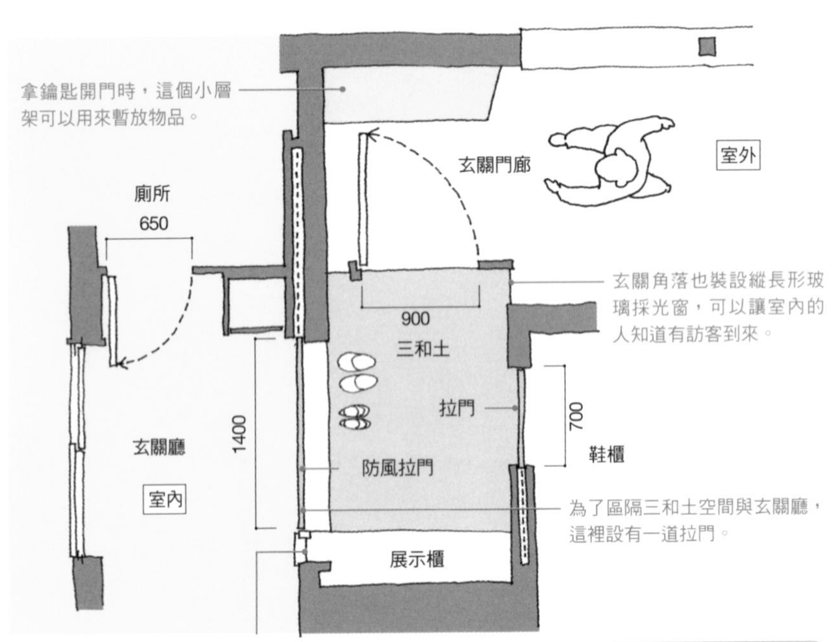

拿鑰匙開門時，這個小層架可以用來暫放物品。
玄關門廊
室外
廁所
650
900
三和土
玄關角落也裝設縱長形玻璃採光窗，可以讓室內的人知道有訪客到來。
拉門
700
鞋櫃
1400
玄關廳
防風拉門
室內
為了區隔三和土空間與玄關廳，這裡設有一道拉門。
展示櫃
玄關拉門就算全部關上，也能透過這裡的縱長形玻璃採光窗看見人影。

每扇門的寬度尺寸只是範例，應依照便於生活的原則設計尺寸。市售的無裝飾門板也可以自由選擇其寬度。

建議使用能輕鬆開關的槓桿式把手

玄關等室外把手通常使用 130 ㎜的大型門把，我建議選擇材質堅固好操作的款式。玄關門最好使用不易被撬開的汽缸鎖。除此之外，最近也有不需要用鑰匙的感應卡片鎖。

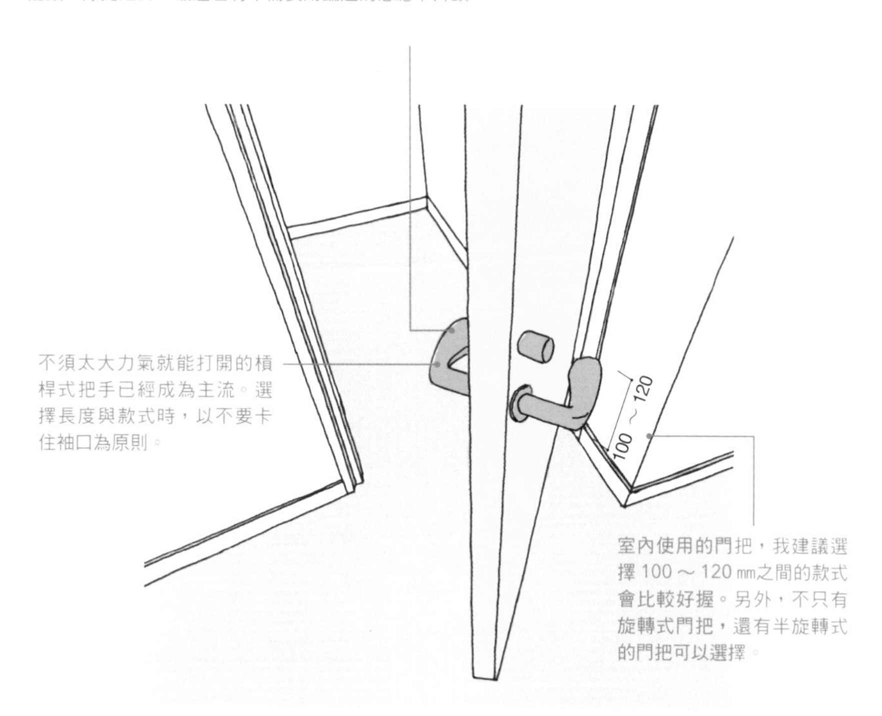

不須太大力氣就能打開的槓桿式把手已經成為主流。選擇長度與款式時，以不要卡住袖口為原則。

室內使用的門把，我建議選擇 100～120 ㎜之間的款式會比較好握。另外，不只有旋轉式門把，還有半旋轉式的門把可以選擇。

生活型態決定門把的形狀與高度

門把是每天都會使用好幾次的零件，門把的形狀與高度不僅會影響使用狀況，也是打造家中氣氛的元素之一。考量必須便於兒童至老年人每個年齡層的人使用，高度設定在距離地面800～1000㎜。門把與門板的大小平衡也有關係，但基本上屋內用的房間門把必須選擇比玄關門把小，並以好握好開為原則，讓肌肉力量弱的人也能輕鬆開門非常重要。另外，鎖頭的功能為防盜與保護家人隱私，其種類與設置地點必須考量其功能性。譬如玄關門的鎖，可以選擇自動鎖或者卡片式感應鎖等，務必選擇適合家人生活方式的鎖頭。（菊池）

雨漏是影響屋頂的重要元素

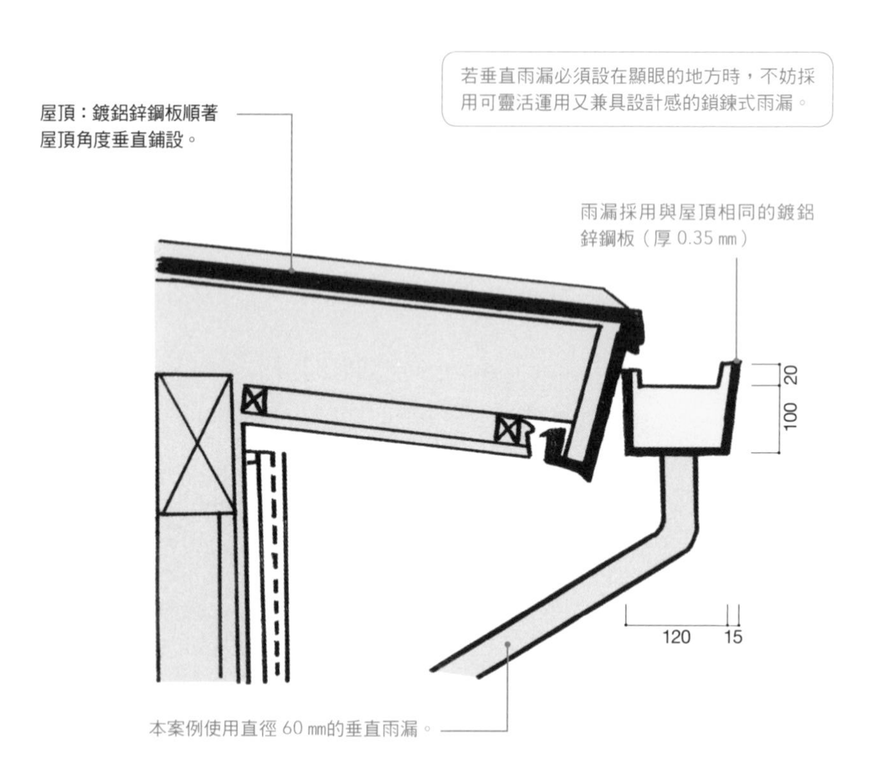

若垂直雨漏必須設在顯眼的地方時，不妨採用可靈活運用又兼具設計感的鎖鍊式雨漏。
屋頂：鍍鋁鋅鋼板順著屋頂角度垂直鋪設。
雨漏採用與屋頂相同的鍍鋁鋅鋼板（厚0.35㎜）
20
100
120
15
本案例使用直徑60㎜的垂直雨漏。

屋簷的雨漏設計

雨漏是非常需要下功夫設計的地方。不只要審視位置與樣式，連其材質、形狀都必須一併考量。首先必須先根據屋頂的形狀計算雨水量，才能決定垂直雨漏的位置與尺寸。垂直雨漏必須設在沒有障礙物的地方，尤其是住宅設有集雨筒的情況下更需注意這一點。屋簷下的雨漏會影響屋頂的設計感，若屋頂鋪設金屬板，雨漏也必須配合使用相同材質，才能達成外觀的平衡並且使外觀更為清爽。

另外，屋簷下的雨漏經常會因為堆積落葉而阻塞，所以設計時必須詳加考量樹木的位置。

（坂東）

第6章

有品味的建築環境

本章的重點在於「環境」，我們將介紹營造採光、通風、溫度等環境這樣規模較大的主題，如何透過巧思來解決。大家都希望住宅冬暖夏涼，盡量減少電費、燃料費。其實這些都是住宅本身的基本功能，即使不依賴機械設備也有很多地方可以靠好設計來克服問題。除此之外，使用機械設備時，設計師如何運用巧思將其功能發揮到極致。本章也會介紹藉由了解建地、建材、設備而孕育出匠心獨具的「技巧」。

（石黑）

在明亮的餐廳迎接早晨

人們總是在餐廳吃飯、看報紙，因此餐廳位置最好設在有明亮光線的窗邊。人只要受到陽光照射就能啟動身體運轉的機制，所以有明亮的光線就能夠展開美好的一天。若東側距離鄰居太近無法採光，不妨將空間稍微挑高並設置採光窗，就能從上方引進明亮的光線。另外，我建議餐廳的照明燈具最好使用吊燈。（丹羽）

餐廳最好設在早上有陽光的地方！

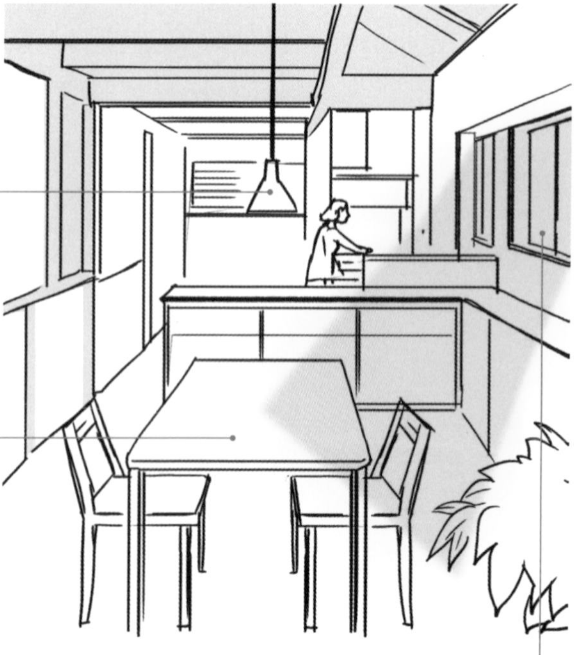

光的特性是「只要拉近二分之一的距離，就能增加四倍亮度。」吊燈是能夠充分發輝這項特性的燈具，若能加上可調整明亮度的調光器更好。

在早晨陽光充足的位置設置餐桌。

無法在東側採光時，不妨在高處設採光窗。

設計外出時也能通風的窗戶

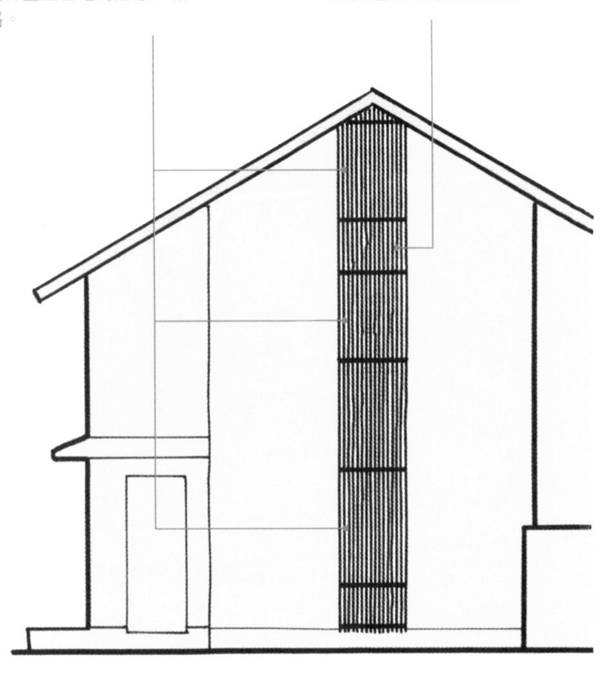

這三個位置設有通風窗，但因為有柵欄遮住所以有防盜效果。另外，縱向延伸的設計提升整體住宅的形象，讓住宅獨具風格。
本案例使用木製柵欄，柵欄以正面寬 30 ㎜、厚 60 ㎜杉木條組成。柵欄之間的間隙為 30 ㎜兼具通風與防盜之功能。

外出時也要注意通風

剛到家打開門時會覺得很悶，是因為混濁的空氣充斥整棟建築。為了解決這個問題，必須保持通風。若不在家時也想保持通風，在確保防盜措施安全無虞的情形下至少要開2～3扇窗戶。最常見的解決方法之一是使用市售的付通風口的側門門板；或者半開有欄杆、紗窗的窗戶再從內部上鎖。另外，也可以如上圖這樣配合住宅整體設計通風用的窗口。除此之外，也可在落地窗前設計讓人無法入侵的細長圍籬。

（坂東）

舒適的居家環境

把一樓當作大型的房間來配置LDK，就能打造不單調的「舒適居家環境」。有對流窗與天窗的餐廳，能將光線延伸至客廳以及廚房，時時刻刻讓人感覺到室外的變化。

另外，採光窗連接了上下樓層，讓住宅產生整體感。客廳有高地差的地板，可以營造家人之間對話、視線交錯的舒適居家環境。

（松本）

位於住宅中心的寬廣空間

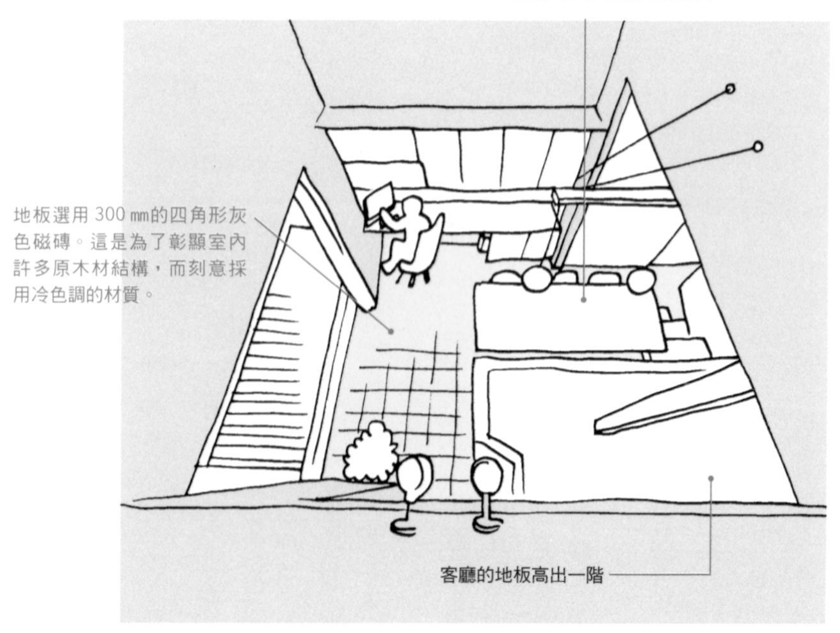

這是固定式的大型餐桌，餐椅也可以拿來當矮凳使用。
地板選用 300 ㎜的四角形灰色磁磚。這是為了彰顯室內許多原木材結構，而刻意採用冷色調的材質。
客廳的地板高出一階

地位不如客餐廳的廁所，可採用天窗解決採光與通風！

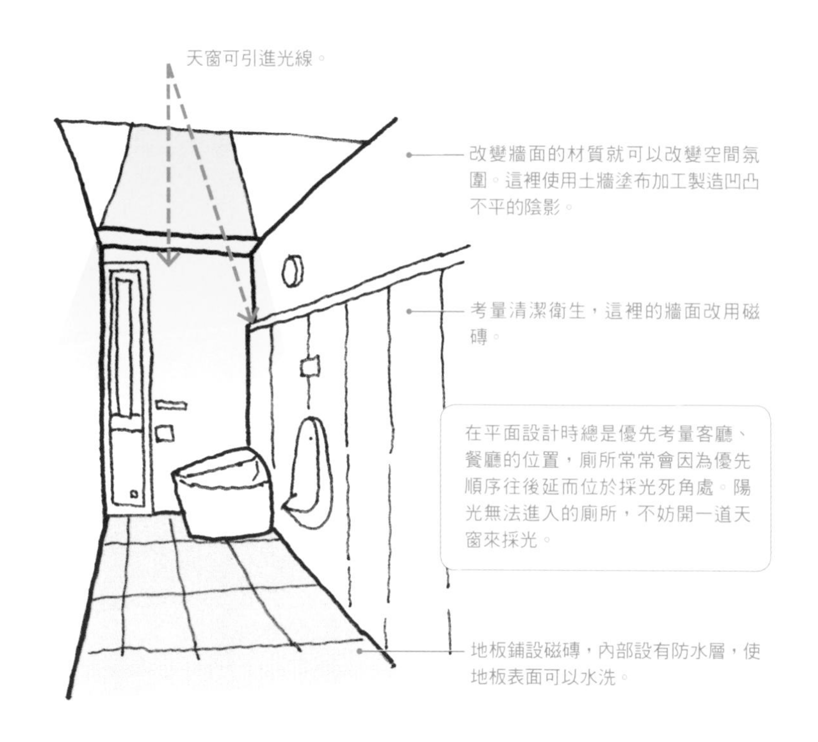

天窗可引進光線。
改變牆面的材質就可以改變空間氛圍。這裡使用土牆塗布加工製造凹凸不平的陰影。
考量清潔衛生，這裡的牆面改用磁磚。
在平面設計時總是優先考量客廳、餐廳的位置，廁所常常會因為優先順序往後延而位於採光死角處。陽光無法進入的廁所，不妨開一道天窗來採光。
地板鋪設磁磚，內部設有防水層，使地板表面可以水洗。

位於採光死角的房間不妨設天窗

設計決定住宅的好壞。最需先討論的是與建地密切相關的玄關以及通風良好的客廳、餐廳。如此一來，像廁所、盥洗更衣室、浴室等用水空間的優先順序就會被往後延，通風、採光條件可能就會比較差。

要解決這些問題，我建議使用天窗。裝設天窗不必介意鄰居的視線，又能引入充足的光線與通風，可謂一舉數得。

（山下）

隱私與開放感兼具的設計

如果能不去在意鄰居與行人的視線、隱私受到完整保護，那麼就能營造室內外連結在一起的整體感。然而，在密集的住宅環境中卻很難實踐。若沒有採用適當的方法解決，家人可能就必須整天拉上窗簾生活。我建議將家人聚集的共有空間，打造成具有開放感的環境。譬如面向二樓客廳的陽台不妨種下植栽，既可以遮蔽視線也能成為都市的一方綠洲。

（松本）

具有開放感又同時兼顧隱私的好設計

二樓陽台種植山茶樹，樹梢突出圍籬。陽台下方有小庭院，是一樓玄關令人注目的焦點。種植山茶樹的陽台則是可以讓一、二樓都能感受綠意，同時又保護隱私的野外空間。

庭院裡的樹木可以呈現季節感。

為了擷取陽光、排除濕氣、達到通風效果，這裡必須設置門窗。

面向陽台的客廳是家人聚集的場所，在這裡能感受到與室外融合的整體感。

活用土地本身擁有的「力量」

每片土地都蘊含著自己的歷史與「力量」。所謂的力量，指的就是光線與風的流動。從建地能看到的風景，也是力量之一。從石牆縫隙鑽出來的野花小草、附近的樹木以及數百公尺外的綠意、晴朗的藍天與夕陽等景緻，皆為土地本身的特色。

運用這些土地本身的特色來打造住宅，用心設計光線與通風路徑是我所追求的目標。

（高野）

活用土地之力

從南往北看，就能見到陽光灑落於樹木之間的景色。南邊的陽光投射於東邊庭院的景緻也非常美麗。東西兩側的庭院也與南側的庭院一樣，各有自己的優點。每個庭院各自種植適合的植栽，營造與住宅融合的意象。

本案例在東西南北各方向都有庭院，但這並非特例。因為我是刻意將以前在樹林中造屋的樣貌當作基礎概念設計這棟住宅。

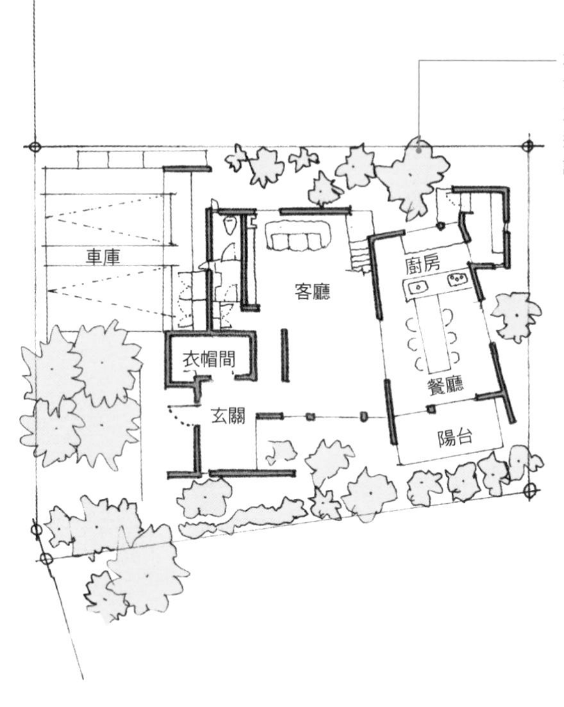

精心安排房間位置，捕捉夏季的盛行風

據說風速每秒增加1公尺，體感溫度就會降低1度。如果想在家裡度過舒適的夏季，首先要遮陽並利用盛行風（＊）。若建物位於日本關東地區，我建議將客廳與廚房沿南北向配置，以便盛行風能夠直線前進，並於南北側裝上可調節風量的門窗即可。接下來只需要沿著風向配置家具，就能完成捕捉盛行風的住宅設計。

（野口）

讓盛行風從南向北貫穿住宅

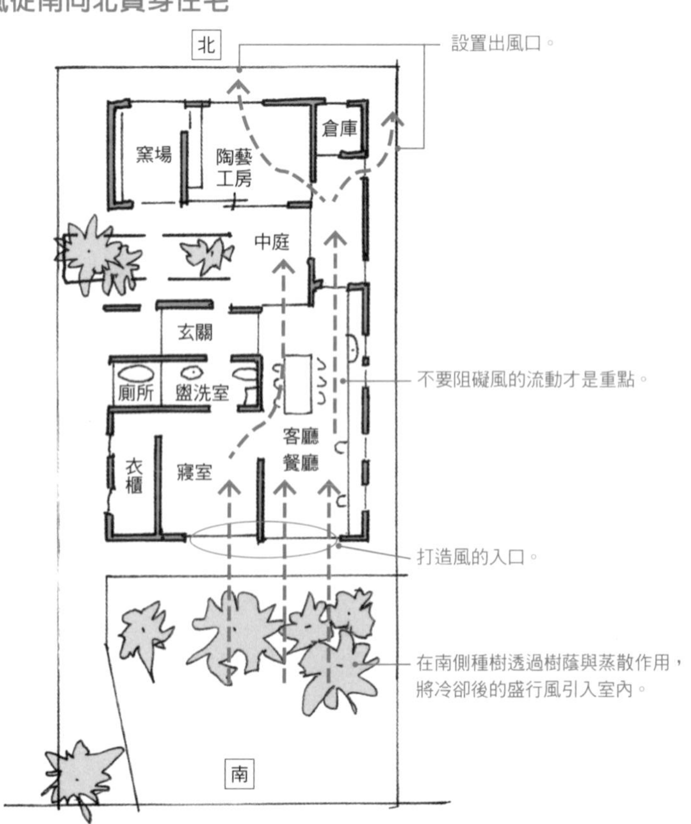

＊盛行風：指地區特有、當季且固定方向的風，其風向晝夜相反

考量牆面內可能會產生結露，建議使用岩棉隔熱材

玻璃棉（ガラスウール）與岩棉（ロックウール）都做成片狀，外觀上幾乎相同。最好在施工現場確認材料上面是否有標示為岩棉（ロックウール）。

隔熱材質重點在於CP值與功能性

施工時必須特別注意隔熱材質。只要施工稍有不慎，濕氣就會進入牆壁內產生結露。

玻璃棉等棉狀隔熱材質雖然有價格優勢，但只要稍有濕氣，隔熱功能就會降低，尤其是玻璃棉只要一潮濕，就算乾燥也無法恢復其隔熱效果。然而，岩棉材質乾燥後仍然可恢復隔熱效果，雖然價格較昂貴，但我認為是可以安心使用的隔熱材質。

（古川）

＊譯註：上圖的 JIS 為日本工業規格 Japanese Industrial Standards 的縮寫。

刻意不做防腐防白蟻處理

自從我開始打造木建築以來，就不曾使用防腐防蟻藥劑。雖然近年來規範變得更嚴格，藥劑的毒性已經減弱，但我仍然認為藥劑會影響人體健康。如下圖所示，我採取投藥以外的方法來破壞白蟻的生存環境（本案例使用燃料煤炭），以人類能夠安心生活的住宅設計為優先。另外，屬自然材質的硼酸防蟻處理也慢慢開始普及，如果施工價格在預算以內也可以考慮使用。我認為設計師應該以守護居住者的健康財產為第一要務。（松澤）

未使用防蟻藥劑，重視人體健康的好設計

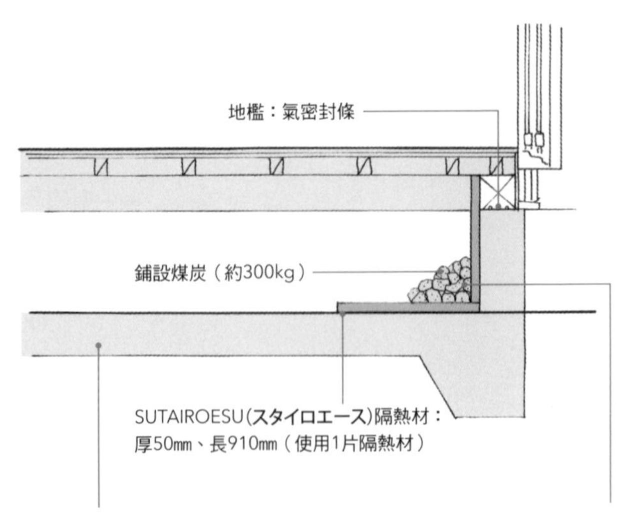

地板使用耐壓地基蓄熱工法，不僅能防止地板冰冷，還具有乾燥防蟻效果。

基礎隔熱的部分鋪設燃料煤炭。30坪（約 $90m^2$）左右的住宅約需300kg的煤炭，即可達到防蟻、調節濕度的效果。

混凝土可重現土牆的蓄熱功能

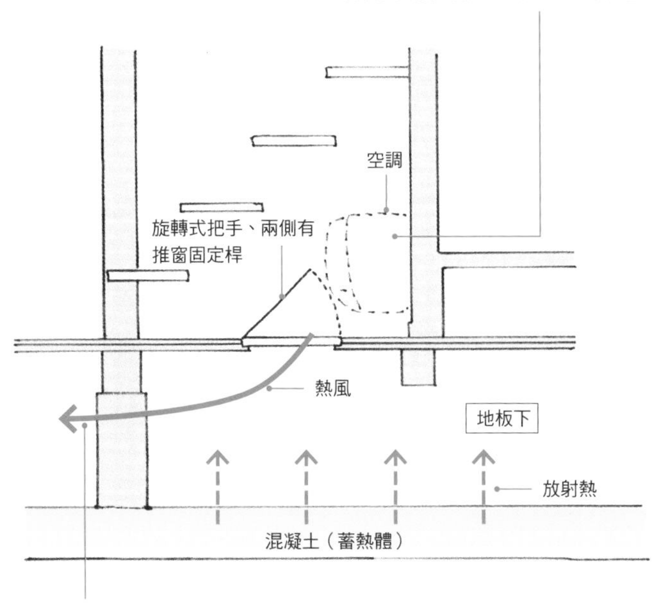

空調的熱風往地板下流去，蓄熱於混凝土內。藉由混凝土的放射熱，保持室內舒適的溫度。

暖氣地下蓄熱構造

老建築經常使用的土牆，其實是熱容量很高的材質。使用可蓄熱的材質，住宅中的溫度升降會比較和緩，有利於保持穩定的室溫。今後若有計畫建木造住宅，最簡便的蓄熱材料就是地板下的混凝土。地板下方的空間與地面接觸，較不容易受室外溫度影響。若有與室外接觸的部分，可鋪設隔熱材質提高氣密性，地板下方的混凝土就能成為室內的蓄熱構造。如此一來，地板下的蓄熱構造再加上空調，就能打造恆溫的住宅空間。（松原）

夏季的夜間通風

即便是在盛夏，夜間氣溫其實很低，尤其是黎明前都會區甚至也會降到26～27℃。設計時當然要好好利用這些冷空氣，但前提是要琢磨出能夠安全開窗的好方法。要達到這些要求有兩個重點：一是窗戶必須為細長型，讓人無法進入；二是露台的門必須加上柵欄。打造在夏季也能保持舒適溫度的室內環境，不只要冷卻室內空氣，連地板、牆面、天井、家具等家中所有的物品都必須降溫才行。只要妥善運用黎明前的冷空氣讓室內降溫，家人就能在舒適的溫度下迎接美好早晨。

（諸角）

運用黎明前的冷空氣，在舒適的溫度下迎接美好早晨

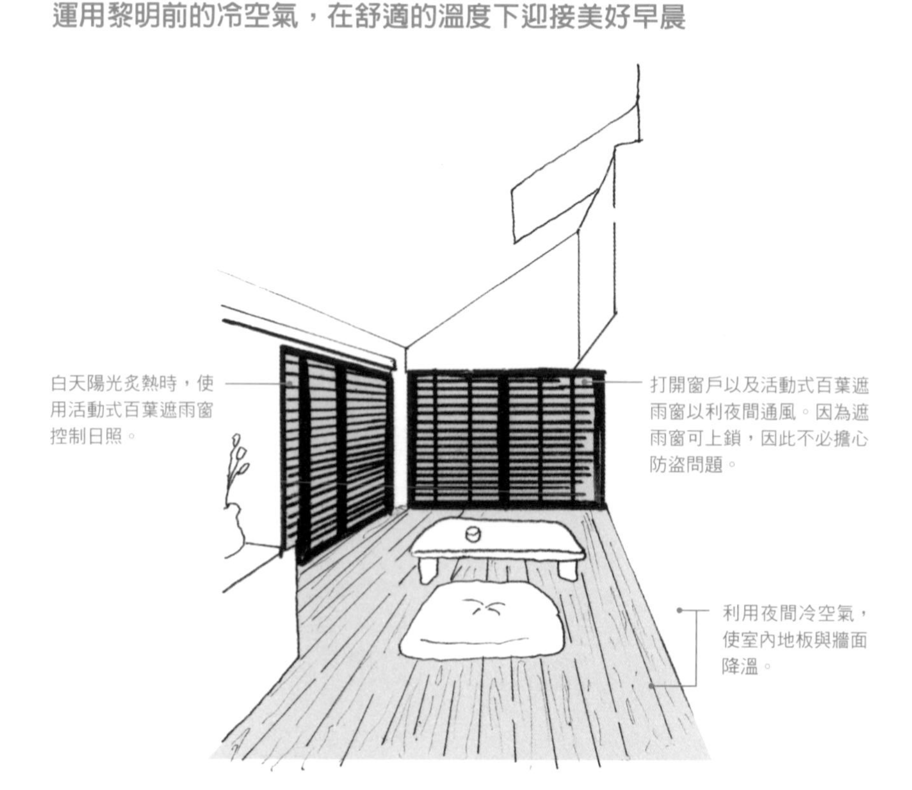

白天陽光炙熱時，使用活動式百葉遮雨窗控制日照。
打開窗戶以及活動式百葉遮雨窗以利夜間通風。因為遮雨窗可上鎖，因此不必擔心防盜問題。
利用夜間冷空氣，使室內地板與牆面降溫。

舒適的輻射熱營造溫暖居家環境

室內的舒適程度不僅取決於室溫，還深受地板、牆面、天井等表面溫度的影響。冬季室溫低時，從地板、牆面等散發的輻射熱也能讓身體感覺溫暖。（＊1）下圖是利用深夜電力的蓄熱型暖氣（＊2）案例。在一樓溫度較低的地方設置暖氣緩慢增溫，創造住宅整體暖氣的循環。

下圖為總樓面積61坪的住宅。在二月初的嚴冬早晨，利用這種手法保持主要空間的地板、牆面、天井之表面溫度，維持在19℃以上。

（野口）

維持地板、牆面、天井之表面溫度均等上升的輻射熱

本案例只用一台靠深夜電力蓄熱的暖氣，就能保持大型住宅之地板、牆面、天井之表面溫度在19℃。

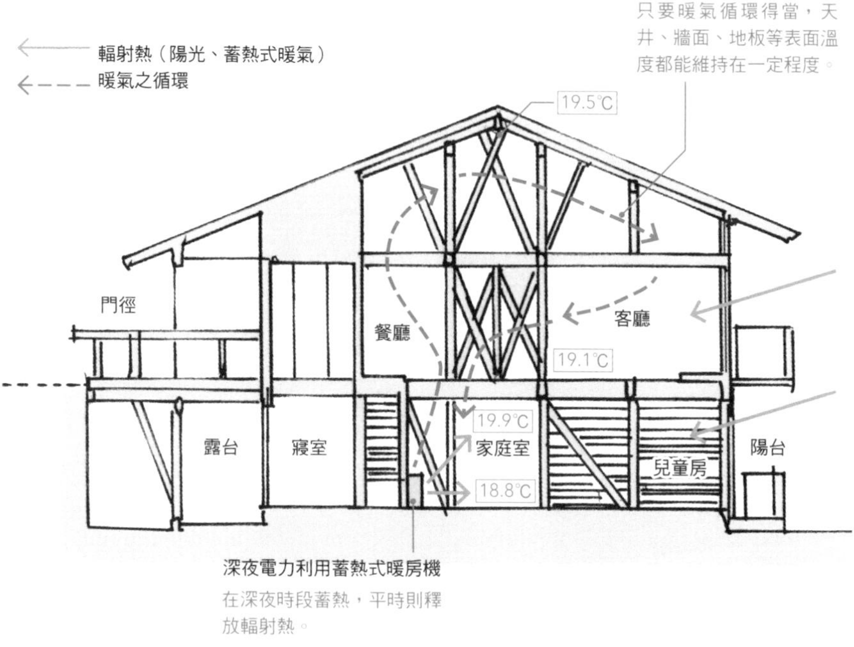

＊1 輻射熱環境：天井、牆面、地板會依照其表面溫度釋放（長波長）的放射（輻射）能量，接受其放攝能量的人體與物體就會產生輻射熱，使人感到溫暖。也就是說，即使提升室溫，只要表面溫度低仍然會使人感到寒冷；相反地，就算室溫低，只要維持表面溫度就能打造溫暖舒適的空間。

＊2 譯註：在日本，23:00～7:00的深夜時段電費為白天的三分之一，因此使用深夜電力蓄熱可以節省大筆電費支出。

燒柴式暖爐帶來自然的熱循環

若使用燒柴式暖爐，我希望一台就能溫暖整棟住宅。然而，暖氣很難傳送到較遠的房間內。雖然可以使用機械強迫暖氣流動，但我希望能盡量採自然對流的方式來達到加溫效果。

我的解決方法是在放置燒柴式暖爐的位置挑高空間，除此之外還要營造讓暖氣能順著階梯下來的流通路徑。規劃讓暖氣能夠傳導至各個房間，溫暖整棟住宅。此外，讓樓梯與挑高空間相隔一段距離，效果會更加顯著。（松原）

一台燒柴式暖爐就能溫暖整棟住宅

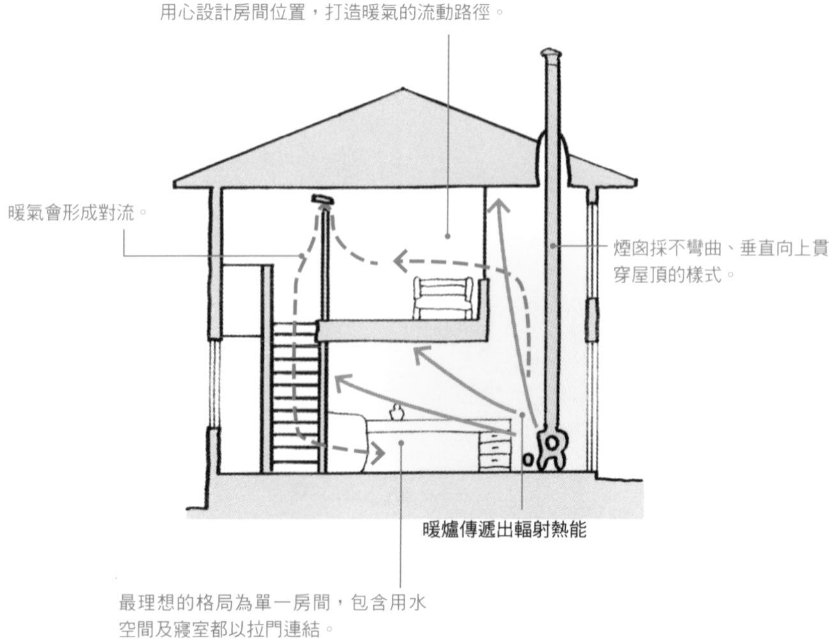

用心設計房間位置，打造暖氣的流動路徑。

暖氣會形成對流。

煙囪採不彎曲、垂直向上貫穿屋頂的樣式。

暖爐傳遞出輻射熱能

最理想的格局為單一房間，包含用水空間及寢室都以拉門連結。

第7章

有品味的室外空間

室外空間可粗分為建築物以外的部分以及設計上刻意留白庭院、露台、遮雨棚、門等「外部構造」。這些室外空間並不需要明確區隔，反而是要創造其關聯性，藉由室外空間的模糊地帶增加舒適感，即使再小的建地也能令人感覺開闊，增加室外空間的附加價值。

在有限的建地中，只要劃出一小塊用心設計的空間，就能改變整體住宅的氛圍，這就是豐富日常生活最重要的元素。

（杉浦）

路旁的美麗植栽

面向一般道路的入口處，若在腳邊種植一些植栽就能營造出溫暖和煦的氣氛。從家裡往外看時，視線能觸及這些綠意，居住者也會感到心情平靜。玄關前與門徑邊只要有少許植栽，對家人或來訪者、甚至是路人都有暖心的效果。另外，也可以選擇葉面呈桃色的「細梗絡石」或在狹窄空間也能種植的「常春藤」等爬牆類植物。尤其在門前種植「南天竺」等諧音為度過難關的吉祥植物，也是不錯的選擇。

（伊澤）

美麗的植栽計畫讓路人也能心情開朗

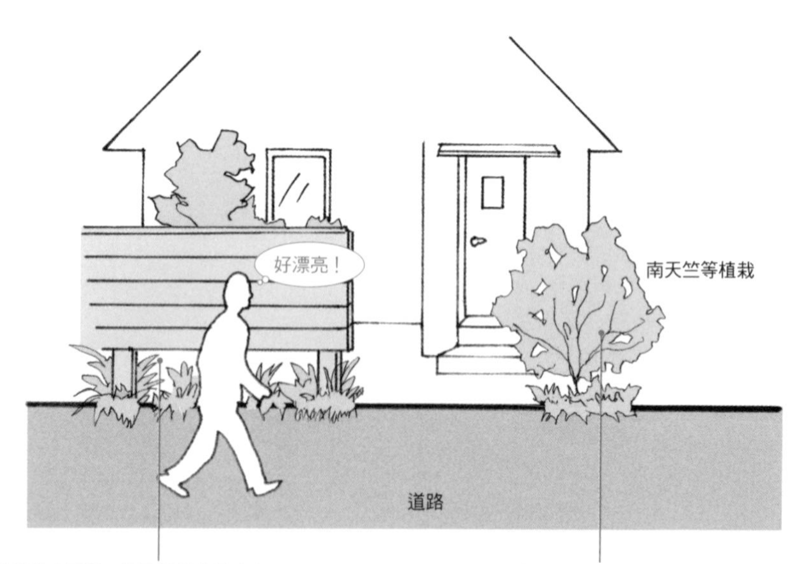

稍微拉高圍籬，刻意讓植栽露出來。

尤其是「南天竺」有「度過難關」的諧音，因為諧音很吉利適合種植在玄關前。這種樹不太會長蟲，而且高度能夠維持在 1 ～ 1.5 公尺左右很好照料。南天竺也屬紅葉科，故冬天會結紅色果實，配色非常美麗。

二樓也能享受綠意

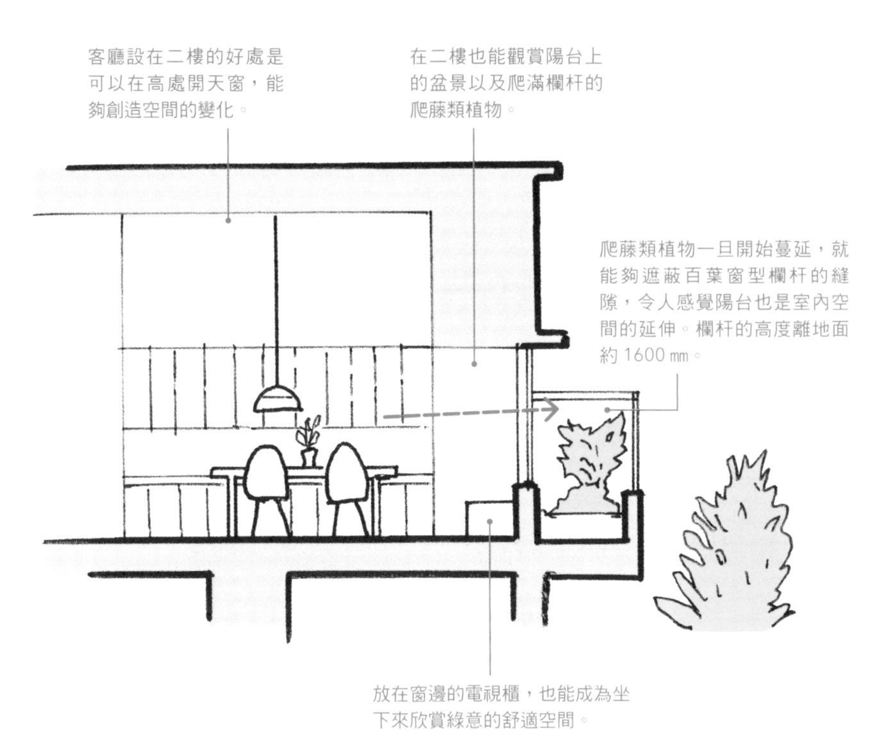

客廳設在二樓的好處是可以在高處開天窗，能夠創造空間的變化。
在二樓也能觀賞陽台上的盆景以及爬滿欄杆的爬藤類植物。
爬藤類植物一旦開始蔓延，就能夠遮蔽百葉窗型欄杆的縫隙，令人感覺陽台也是室內空間的延伸。欄杆的高度離地面約 1600 ㎜。
放在窗邊的電視櫃，也能成為坐下來欣賞綠意的舒適空間。

二樓客廳也可擺設綠色植栽

在住宅密集的地區，有可能會為了採光將客廳設在二樓。雖然可藉此讓二樓比一樓明亮，但是如此一來便遠離了庭院的綠色植栽。此時，我利用屋頂綠化系統的花盆，將花盆放在客廳前的陽台。讓爬藤類植物爬滿高度較高的百葉窗型欄杆，植物漸漸成長為一片綠色屏障，不僅能遮蔽周圍視線，又能在客廳舒適地享受綠意。

（村田）

向外「借景」也是好方法

本案例是鎌倉常見的密集住宅類型。為了能讓居住者享受綠意，我在建地內設了庭院。因為以採光優先，所以將客廳設在二樓。正巧建地周圍本來就有豐富的植栽，事前調查過周邊狀況之後決定一併採用借景的手法。除此之外，一樓的浴室與寢室也能享受庭院的風景。我運用借景手法，讓這棟住宅的各樓層都能享受綠色景緻。

（村田）

向周圍的綠色植栽借景

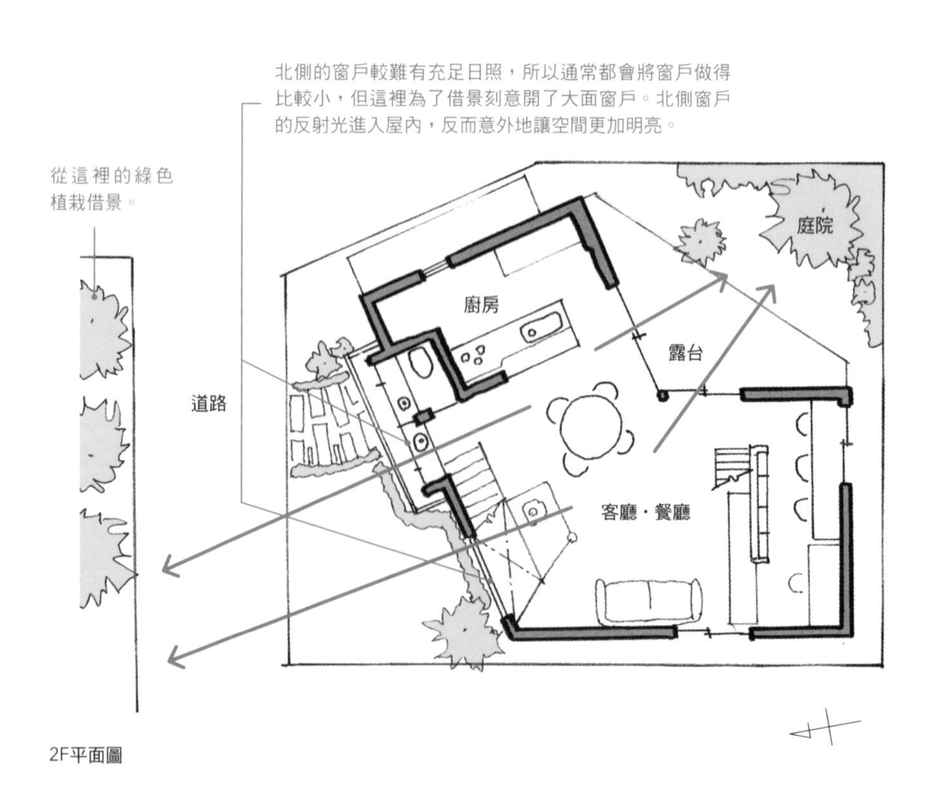

2F平面圖

每個空間都能享受綠意的住家

就算室內裝潢得美輪美奐，無法看見室外景色對人而言仍是不健康的。因此，必須精心規劃讓家裡每個空間都能享受室外的綠意。

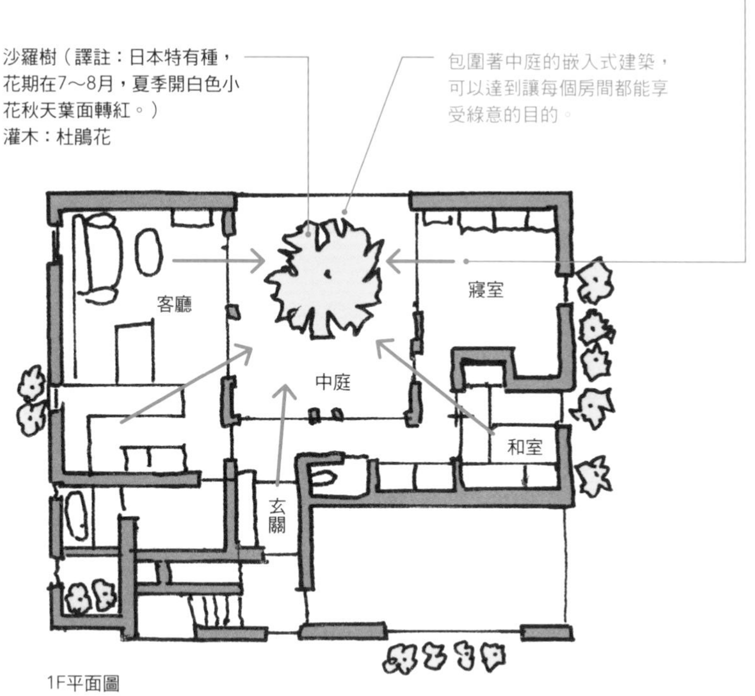

沙羅樹（譯註：日本特有種，花期在7～8月，夏季開白色小花秋天葉面轉紅。）
灌木：杜鵑花
包圍著中庭的嵌入式建築，可以達到讓每個房間都能享受綠意的目的。
客廳
中庭
寢室
和室
玄關

1F平面圖

每個房間都能綠意盎然

這棟住宅除了在建地裡設置中庭以外，二樓與三樓都設有庭園。因此，每個房間都能看到綠色植栽。一進入玄關，中庭的綠意馬上映入眼簾，無論身處客廳、廚房或是書房都能親近這些綠色植栽。在家裡就能看到室外的大自然與風景，自然而然地增加人們親身體會季節變化的機會，也能夠在感受時間靜靜流逝之中放鬆身心。每個空間都能享受綠意的住宅，勢必能為居住者帶來更豐富的生活。

（村田）

綠化頂樓

在每層樓都打造一個小花園的話，不只面向庭院的客廳能夠享受綠意，二樓的寢室與書房也能觀賞充滿綠意的風景。起床打開窗戶自然就有綠色植栽映入眼簾，家人也能開心地迎接美好的一天。綠色植栽不只打造美景，還有調節氣溫的功能。從根部吸上來的水分，透過葉面蒸散之後能夠降低周遭氣溫；土壤能夠隔絕陽光熱能直接照射屋頂。除此之外，屋頂因為陽光充足非常適合當作菜園。綠化屋頂不僅可以觀賞、食用，還能達到環保效果，可謂「一舉三得」。

（村田）

綠化屋頂一舉三得！

若是種植中、高喬木約需鋪設土壤 400 ㎜，種植灌木則需 200 ㎜左右。除此之外，必須考量是否加裝自動澆水裝置等養護庭院的機械。

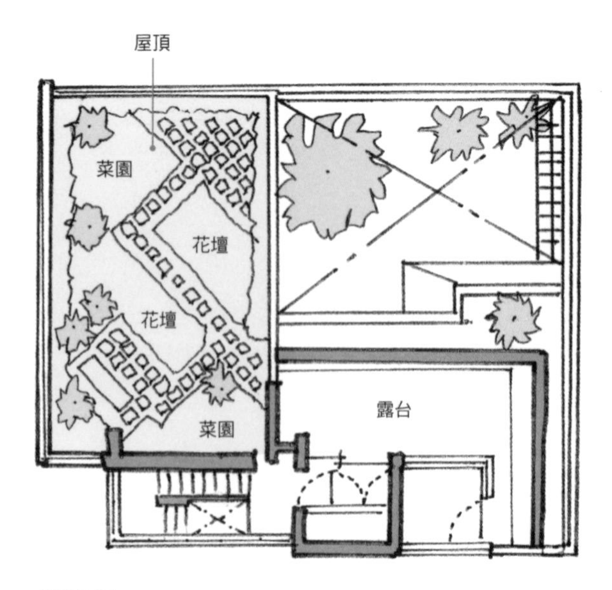

3F平面圖

選擇氛圍宛如雜木林一般的樹種

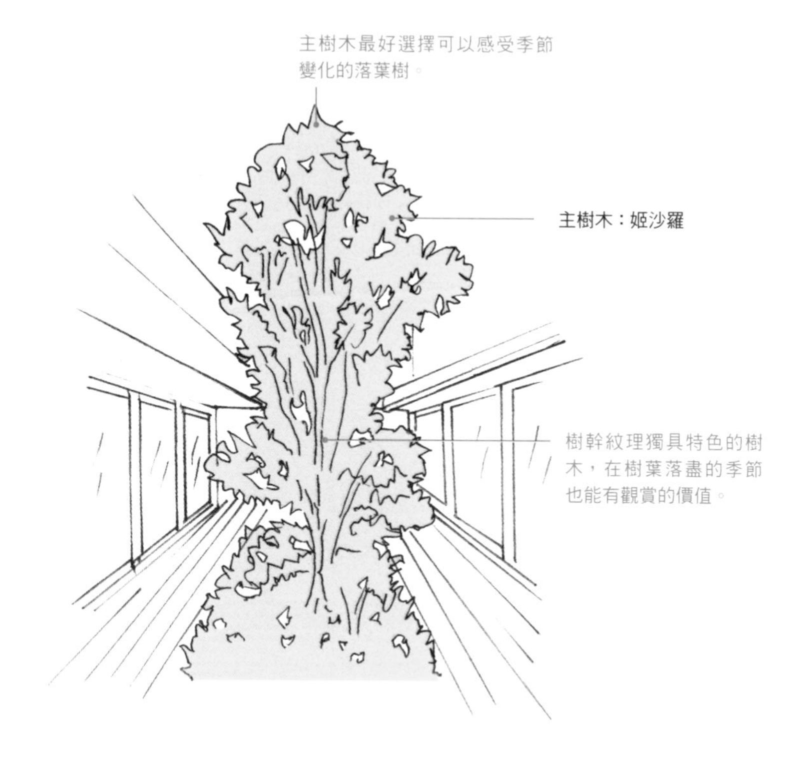

主樹木最好選擇可以感受季節變化的落葉樹。
主樹木：姬沙羅
樹幹紋理獨具特色的樹木，在樹葉落盡的季節也能有觀賞的價值。

庭院裡主樹木的分枝可營造森林感

選擇庭院植栽時，一定要選一棵主要樹木。最近選擇主要樹木時通常不會選有刻意造型的松樹，而是選用擁有自然氛圍宛如雜木林一般的樹木。像是從樹幹會生出許多分枝的樹種，因為多層樹幹令人體會大自然的樂趣。其樹木的美麗姿態，非常適合從四周皆可眺望景色的嵌入式中庭。這種分枝型的樹木成長速度緩慢，所以不會在短時間內長成大樹，很適合都會區的狹小住宅空間。

（村田）

面積小仍可保留植栽區域

就算建地再怎麼狹窄建蔽率也不能做到百分之百，因此我希望能夠善加利用建地內留白的區域。活用少許的室外空間，搭配適當的綠色植栽以連結室內與室外，打造能夠感受四季變化的住宅。下圖是鄰近商業地區的建案，建築物大約使用八成建地。剩下兩成我使用竹子打造成小庭院，在門徑上放置自然石材；南面能夠看見路樹的位置上開門窗讓室內能夠借景；一般步道與建築物之間少許的間隔區域，種植一些矮花草，春天時開滿紫色小花，連路過的行人都能享受美好景緻。（高野）

即便建地狹窄，仍然能享受留白的園藝空間

在午後稍有光線的空間裡種植紫竹，利用小空間讓室內外連成一體並散發綠意。

和室、餐廳、廚房與小庭院都以鋁製轉角窗連結視線。為考量通風，在和室牆角邊設有推窗。除此之外，還運用鐵製細長型的百葉窗來調整視線。

6200
7200
K（廚房）
門徑（私人通道）
小庭院
品茶室
D（餐廳）
坑式暖桌
玄關門廊
玄關
人行步道
路樹

玄關的踏腳石使用業者庫存的美濃石，大小約 40 ～ 80cm。踏腳石的配置並沒有什麼特殊規定。我在現場反覆試走、從旁觀察過好幾次才決定現在的位置。

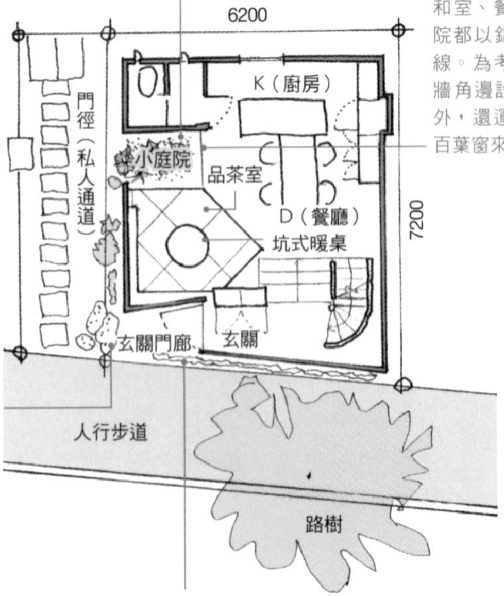

距離人行步道僅 300 mm左右的深度，在這個空間裡種植矮花草（小蔓長春花）。面對道路的花草種植在狹窄的土地上，再加上這一面日照充足土壤很容易乾涸，因此我建議這種情形下澆水量要增多。

兼具功能性的設計

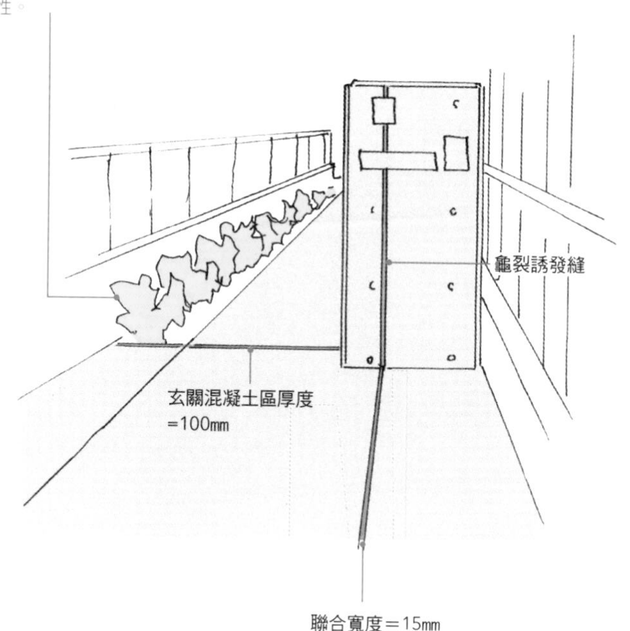

玄關混凝土區與花壇的界線、清水混凝土的門柱景觀照明、停車場的混凝土龜裂誘發縫連成一體。藉由這樣的設計讓往往很難收邊的混凝土區域，在視覺上有整體感。

龜裂誘發縫的功能

使用混凝土的優點就是可塑性高，可以打造一體成形的住宅。然而，如果建築形狀複雜或者需要長距離、大面積施工，很有可能在施工完成後因為地震或負荷過重等原因產生龜裂。因此，需要每隔一段距離設置「龜裂誘發縫」（＊），確保地板表面不會有龜裂的情形發生。本案例不單只是設置龜裂誘發縫，同時也具有美觀的設計效果。

（杉浦）

＊龜裂誘發縫：故意在地上畫出縫隙，讓縫隙的部分比其他薄弱，當結構產生龜裂時，就會沿著誘發縫龜裂，確保其他地方安全無虞。

規劃小面積庭院

想要在市中心的狹窄建地規劃庭院，往往會因為建蔽率的問題或者道路、鄰居視線太近而無法盡如人意。如果有這種情況，我建議不妨設個小庭院。所謂的小庭院，就是有建築物或圍籬包圍的小型庭院，在這個小空間裡配置適當的植栽與石材，就能營造時刻不停變化的有趣空間，為生活增添樂趣。建坪九坪住宅當中，我在正中間規劃了一坪的庭院。庭院雖小但不須在意外界視線，又能引入光線與風，在有限的樓面積當中創造出寬闊感與豐富變化的空間。

（吉原）

一坪就能打造風情萬種的「庭院」！

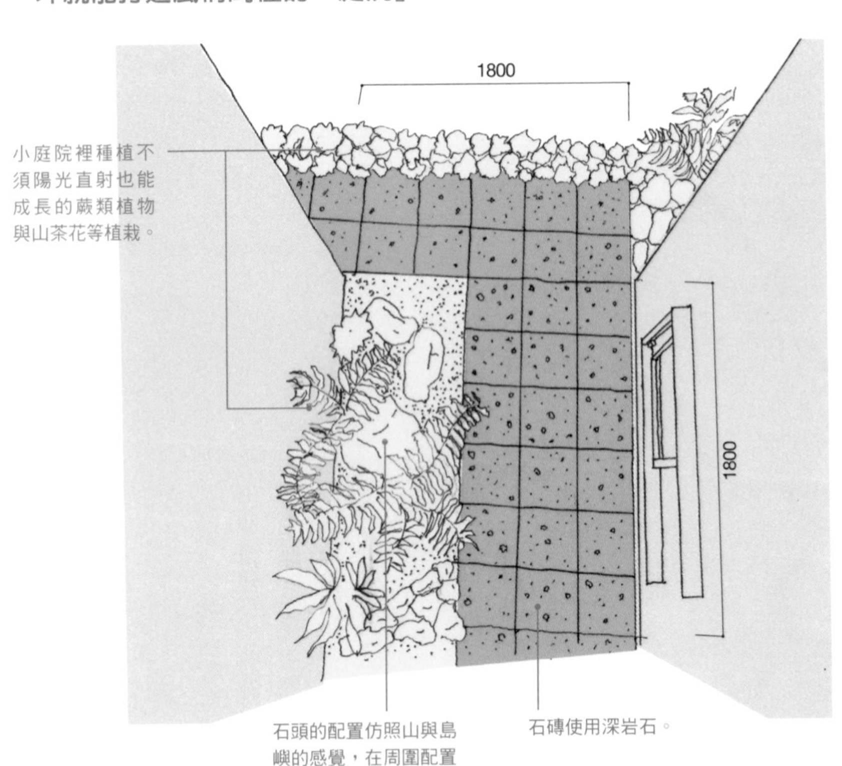

1800
小庭院裡種植不須陽光直射也能成長的蕨類植物與山茶花等植栽。
1800
石頭的配置仿照山與島嶼的感覺，在周圍配置低矮的植物。
石磚使用深岩石。

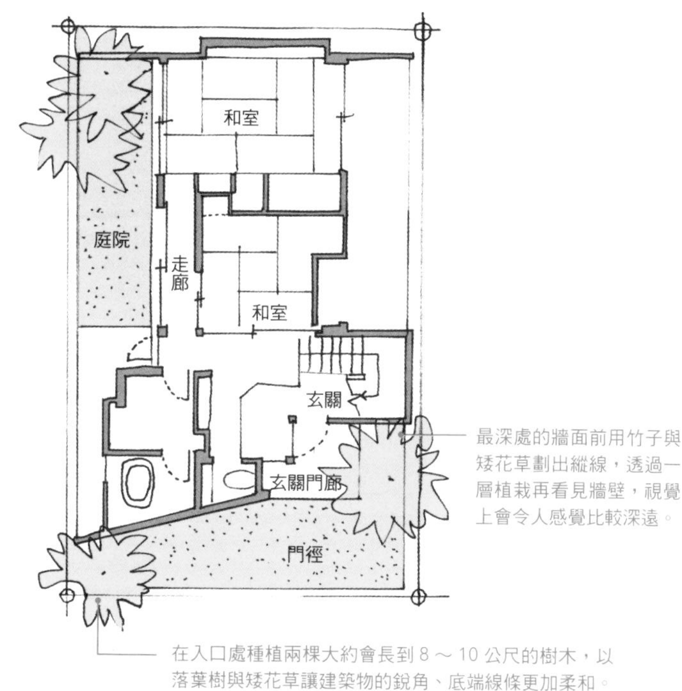

和室
庭院
走廊
和室
玄關
玄關門廊
門徑
最深處的牆面前用竹子與矮花草劃出縱線，透過一層植栽再看見牆壁，視覺上會令人感覺比較深遠。
在入口處種植兩棵大約會長到 8 ～ 10 公尺的樹木，以落葉樹與矮花草讓建築物的銳角、底端線條更加柔和。

小而美的室外空間

在狹小的建地中，往往很難保留建築物與道路之間有充足的距離。面對這種情況，關鍵就在於無論門徑多短也要在玄關前保留一小塊的庭院空間，才能夠營造出令人感覺開闊的玄關。如本案例這樣在狹窄的空間裡也適度地種植植栽，藉由植栽產生的陰影以及外牆角度的變化，打造出具有開闊感又令人安心的玄關。（濱田）

講究門徑設計

在京都的町家（譯註：日本傳統的住商合一型的狹長型建築，通常前方作為店面後方是住家。）住宅中，大部分都留有很長的門徑。這段寬度約為900㎜，被牆面包圍的細長門徑是一段無法區別室內或室外的矛盾區域。本案例正是從這種町家的環境獲得設計門徑的靈感。不讓人直接從道路進入玄關口，而是透過一段與建築物之間的圍籬形成的細長通道引導人走進玄關。門徑兩旁的種植令人能享受自然的植栽，不僅能有進入家門前轉換心情效果，也能在此慎重地迎接訪客。

（吉原）

仿效京都町家住宅的門徑

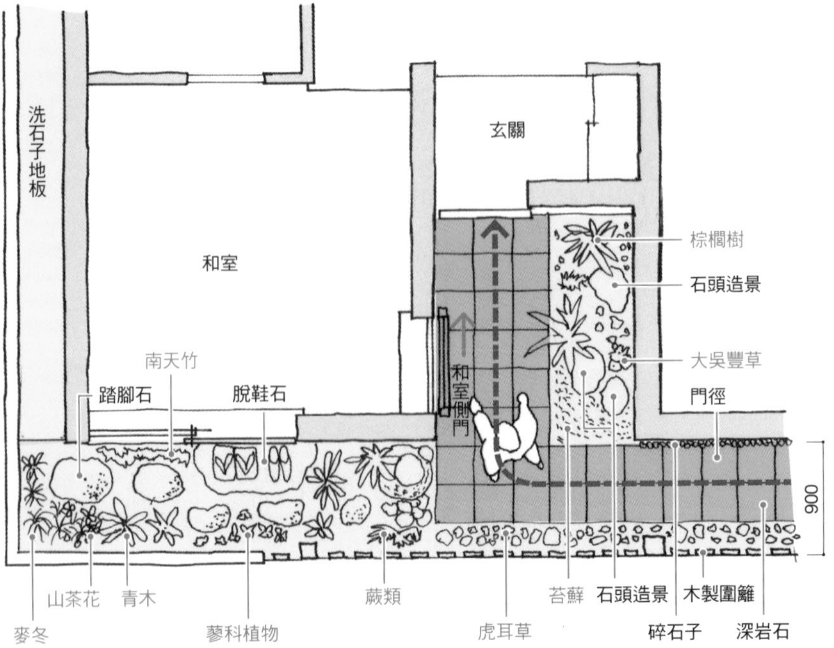

防水型的「庭園燈」能夠溫和地照亮植栽，適合使用 25W 左右的黃光燈泡。另外，最好選用高度 300 ㎜以下或者嵌入型的燈具。

講究門徑的照明

最近位於都會區的住宅街燈明亮，就算門徑上沒有照明燈通常也都夠亮。正因為如此，裝設門徑照明時我希望能夠隱藏燈具本身，營造燈光不經意灑落的美感。這種做法的重點在於並非照亮整體，而是照亮腳邊、外牆、地面、植栽等局部區域，藉由反射光製造陰影就更能有效製造氣氛。如此一來，光線不會過於刺眼，打造溫暖的門徑。（伊澤）

箱型的摩登住宅也要設遮雨簷

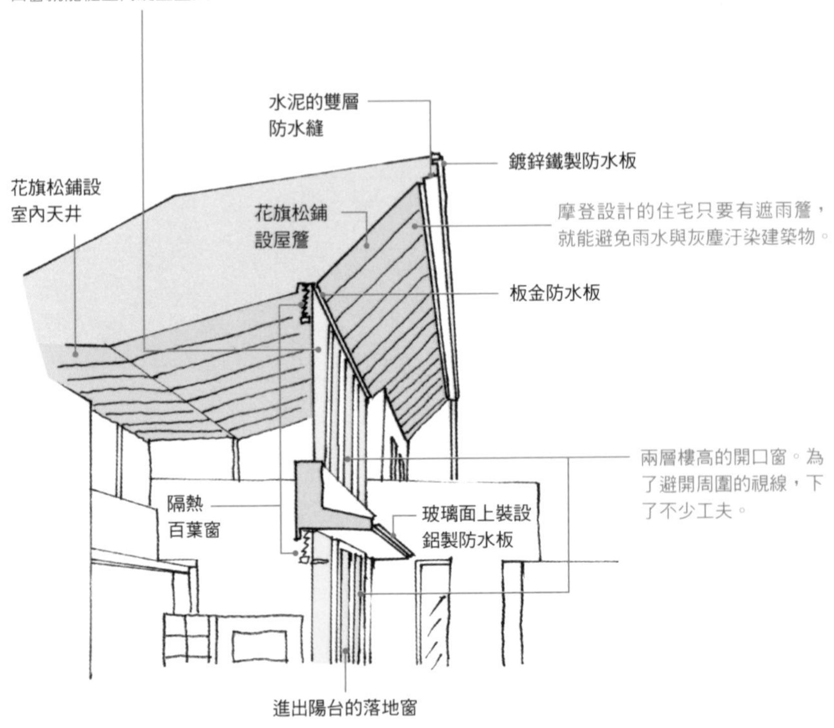

窗戶上的遮雨簷與防水板設計

深的遮雨簷（南面）可以完全遮蔽夏天的強烈陽光，到了冬天又能將微弱的陽光引入室內。相較之下，較淺的遮雨簷則能防止外牆上融入灰塵的雨水弄髒玻璃。本案例設有兩層樓高的大開口，因此也以雙重屋簷對應。屋簷深度依照夏至與冬至的子午線高度而定，為展現沉穩的氛圍，從室內到室外的天井皆以花旗松鋪設。為保護木材不受雨水侵蝕，故屋簷邊緣裝設雙重防水板。另外，考量強風時雨水流過木材後的髒汙會汙染玻璃表面，因此玻璃上方也裝設防水板。（白崎）

木製陽台的配置

木製陽台可以用來乘涼、曬衣服等用途很廣，視覺上也有令室內室外更加開闊的效果。然而，若是不能掌握好其遮蔽的分際，很容易因為地板的反光或者室外的視線而難以享受這塊空間。本案例以深長的屋簷控制日照與雨水，而面向道路的部分則設較高的扶手牆遮蔽對面人家以及路人的視線。除此之外，透過東西向的柵欄狀扶手，達到借景與增加庭院寬闊感的功能，創造令人安心且開闊的視線。（赤沼）

遮蔽得恰到好處的木製陽台

陽台有深長的屋簷以及手扶牆包圍，東西兩側有柵欄狀扶手，兼具安心與視線開闊的功能。深長的屋簷能夠使視線變低，另外還能控制日照與雨水。

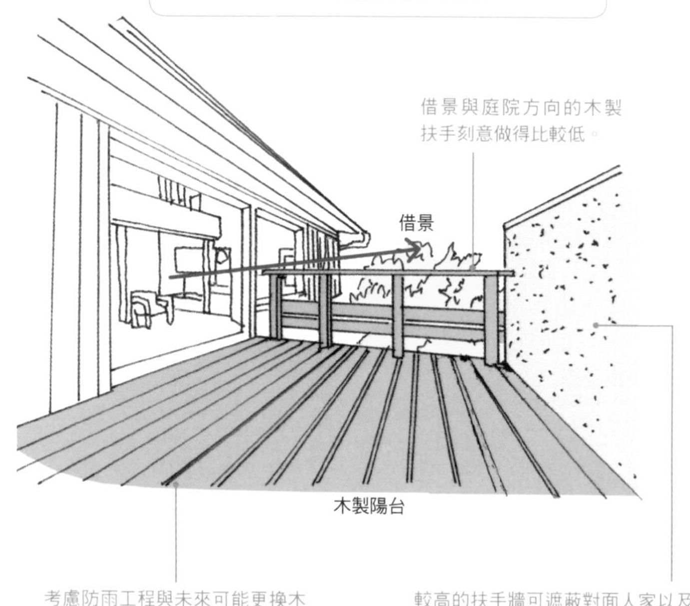

借景與庭院方向的木製扶手刻意做得比較低。
借景
木製陽台

考慮防雨工程與未來可能更換木材的問題，木製陽台是在板金屋頂上暫時固定的構造。

較高的扶手牆可遮蔽對面人家以及路人的視線，令居住者安心。另外，因為有這道牆，才能將視線誘導至東西向的借景與庭院處。

大面積遮雨棚可有效對應積雪問題

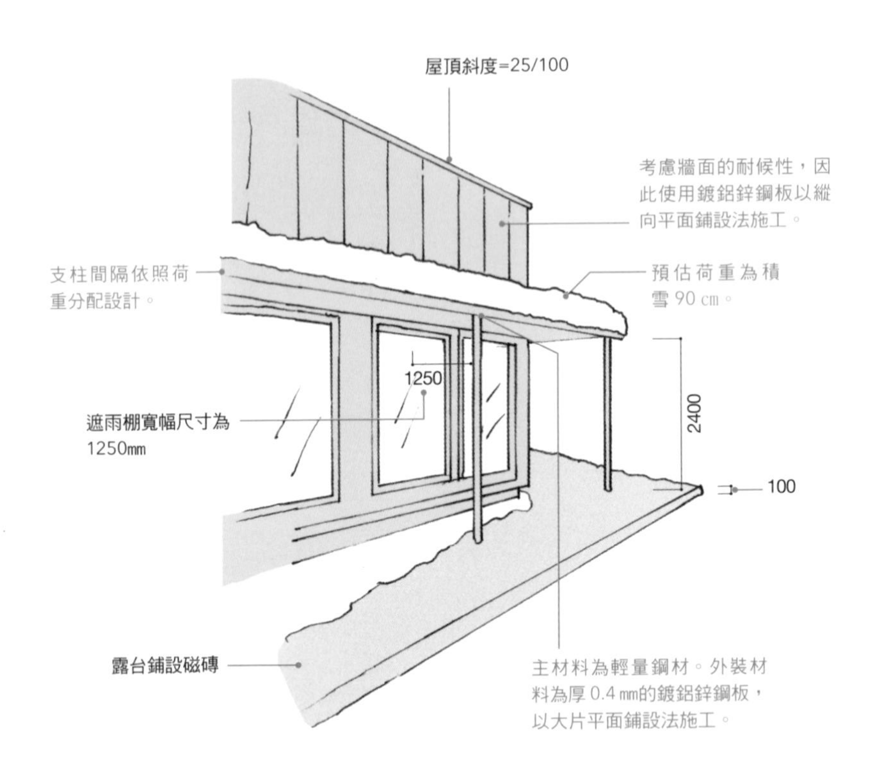

屋頂斜度=25/100
考慮牆面的耐候性，因此使用鍍鋁鋅鋼板以縱向平面鋪設法施工。
支柱間隔依照荷重分配設計。
預估荷重為積雪 90 ㎝。
1250
2400
遮雨棚寬幅尺寸為1250㎜
100
露台鋪設磁磚
主材料為輕量鋼材。外裝材料為厚 0.4 ㎜的鍍鋁鋅鋼板，以大片平面鋪設法施工。

大開口玄關需搭配遮雨棚

玄關是引入進入室內的開口處，同時也具有採光與通風的功能。尤其是大開口的玄關加上遮雨棚就更能充分發揮這些功能。本案例的遮雨棚寬幅約為1200㎜，不僅能讓建築物避開夏日炙熱的陽光，下雨時還能保護建築物不因雨水而劣化。特別是在寒冷地區，24小時內雪就會堆積30㎝以上，這是非常稀鬆平常的事，所以每次出門都必須鏟雪。然而，因為有遮雨棚讓建築物與周邊空地產生距離，除了可確保外出的路徑，遇到天災時更能發揮其遮蔽效果。

（山下）

浪板屋頂

一般而言，浪板屋頂通常使用在工廠、遮雨棚或者倉庫等有樑柱的大空間建築上。以前也曾經有部分建築家經常使用這種材質，但因為宛如工廠般的外觀不受人喜愛，最近已經很少見了。然而，我因為其功能性高所以經常使用。浪板可以長達5～6m不需要樑柱支撐，因此以前需要用鋼構才能支撐的空間，現在用木構也能簡單施工。至於下雨時的噪音以及夏天會過熱的問題，則靠屋頂內側噴上發泡聚氨酯來解決。

（諸角）

高性能的工業設計感浪板屋頂

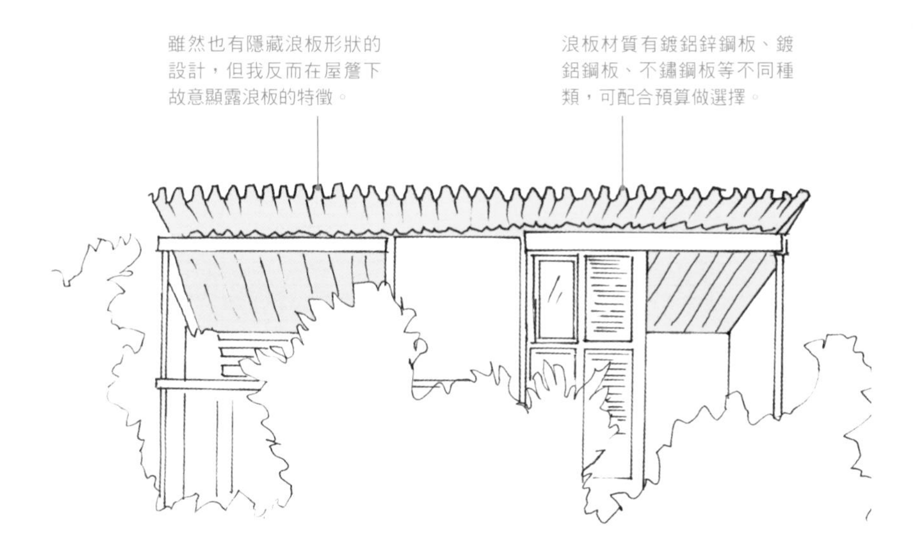

雖然也有隱藏浪板形狀的設計，但我反而在屋簷下故意顯露浪板的特徵。
浪板材質有鍍鋁鋅鋼板、鍍鋁鋼板、不鏽鋼板等不同種類，可配合預算做選擇。

停車場地面設計

比起全部使用水泥或瀝青，停車場或多或少也希望能保留一些土壤與綠意。停車場保留綠意不只對眼睛好，又能緩和夏日豔陽的反射、雨水也能快速滲透到地下好處多多。為了要在停車場的植草磚當中種植草生植物多少會增加成本，但因為面積大不只看起來美觀，同時也兼具功能性。或者，也可以用ＤＩＹ的方式種植來節省經費。某些種類的草生植物在冬天會枯萎，但到了大地回春時，草地欣欣向榮的綠意將會令人心曠神怡。另外，車擋使用舊枕木增添氣氛，也是不錯的選擇。

（伊澤）

植草磚也可以有效緩和熱島現象！

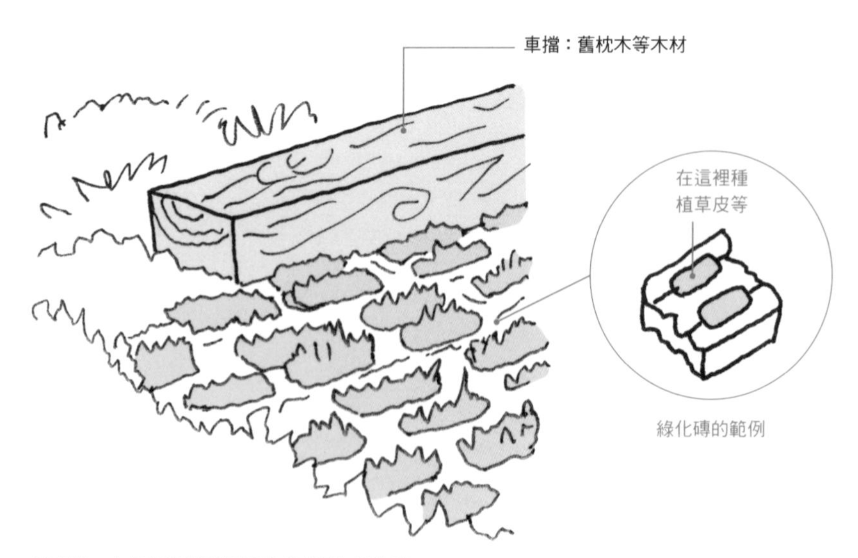

一般來說，在停車場鋪設植草磚或者稱為綠化磚的空心磚，其效果都非常顯著。不只有停車功能，還能提供有綠意的生活環境，並且符合各地方政府的「綠化制度」。光靠停車場的植草磚，建地面積就已經達到 30% 左右的綠化比例。

配管空間最好留在室內

無損室內美觀當然是首要條件。無論木造或 RC 建築，配管路徑最好都在室內保留的配管空間內，然後排出口最好設在陽台腰部以下或者屋頂上方。

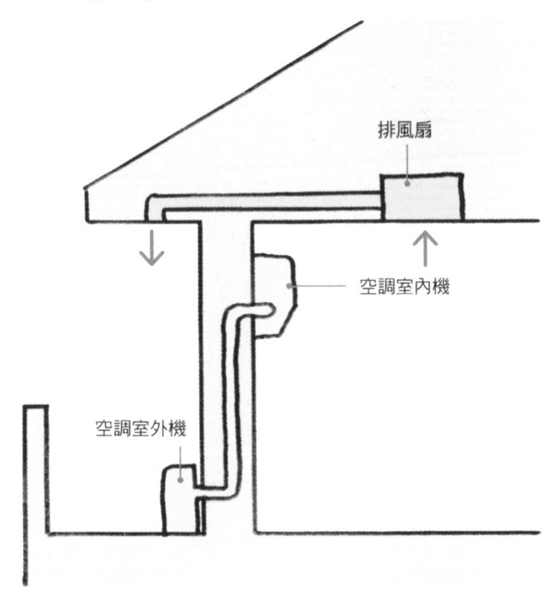

隱藏設備配管

一般通常會把入氣口、排氣口等通風口設置在牆面上，這些出口往往會是造成汙染外牆的原因，因此我盡量避免這些部位的施工品質過於粗糙。牆面要承受風吹雨淋，而裝在牆面上的排風口與內部配管，很可能因為角度的關係，在強風豪雨肆虐時雨水倒灌造成室內漏水。如果室外有屋簷或陽台，最好不要怕麻煩把排風管改到天井。另外，考量美感呈現，我通常不太希望露出空調與排風扇等設備配管。

（久保木）

深長的屋簷能夠調節光線、保護外牆

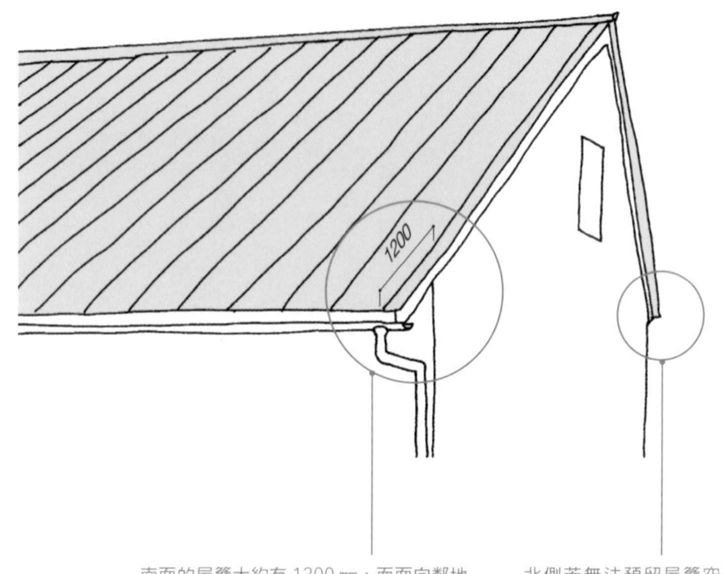

南面的屋簷大約有1200㎜，而面向鄰地那一側，無論如何都無法拉出屋簷，故外牆使用耐久性佳的鍍鋁鋅鋼板。

北側若無法預留屋簷空間，外牆材質最好選用耐髒汙的材料。

屋簷至少突出建築物1200㎜

根據建地條件的不同多少需要調整，但是我盡量都會讓屋簷維持在1200㎜的寬幅。藉由深長的屋簷遮蔽夏日的炙熱光線、引入冬天的暖陽，還能保護建築物的外牆。除此之外，衣物就算放在外面晾曬也不太會被雨水潑濕。如果想加強採光，可以把屋簷前緣的材質改成強化玻璃。就像首都圈內等無法維持足夠屋簷寬幅的狹小建地，就算東、西、北側幾乎無法有屋簷，至少也必須確保南側的大開口區必須有夠深的屋簷才行。若是在這種條件下，外牆只要使用鍍鋁鋅鋼板就能防止因風吹雨淋而引起的劣化。

（松澤）

保留屋簷下的空間

市中心的建地比較沒有餘裕，很多案例都是一般道路旁就是玄關了。然而，少了能夠轉換心情與準備的空間，往往會在心情尚未沉澱下來的狀態進入室內。本來玄關前的空間除了可以在下雨天放雨傘、暫放採買回來的物品，還有和鄰居聊天豐富日常生活等許多功能，應該是與城市做連結的重要場所才對。因此，我認為屋簷下的空間不只是具有便利的功能性，還對轉換心情有很大的影響。

（宮野）

屋簷下的空間可以轉換心情

屋簷下的空間使用暖色系有質感的磁磚鋪設地面、牆面，再用嵌燈的柔和光線營造溫暖的空間。

因為要迎接客人進門，所以選用內開式的玄關門，藉由門上的凹凸刻痕展現厚重感。

屋簷下=GL+2500mm
（譯註：GL=Grand Line，意指建地地面。）

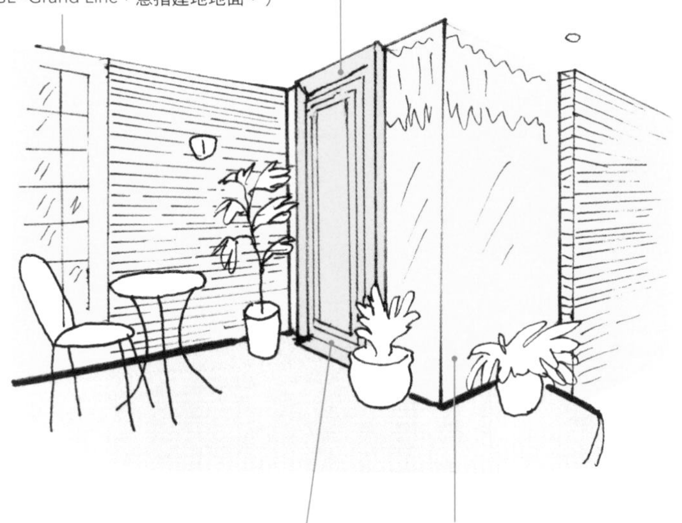

屋簷下玄關門（寬900×高2250mm、厚度60mm，使用花旗松OSCL加工。）
（譯註：OSCL意指上護木漆與透明漆的木材加工法。）

角落的 FIX 固定窗讓屋簷下呈現開闊而有整體感的空間。當然，考量屋主的個人隱私，內側裝有羅馬簾。

連結室內外的屋頂式露台

半露天空間也如同室內的一部分，讓生活空間向外延伸。

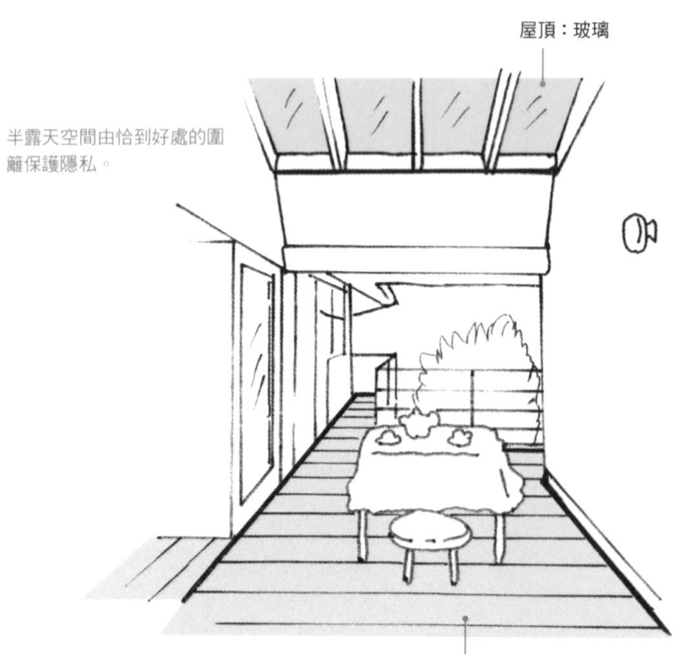

「半露天空間」連結室內與室外

能無拘無束地眺望室外風景，對舒適的住家而言極為重要，但為了能加強室內與室外的連結，則需要一塊恰到好處的「半露天空間」。本案例是在二樓的兩個房間中夾著露台，因為有屋頂，所以稱為「屋頂式露台」。左側為寢室功能的和室，右側為屋主興趣使用的金工房，內側則是綠意豐沛的庭院，回首一望還能夠看到門徑上種植的連香樹。藉由中間的屋頂式露台，間接地連結室內與室外，而這個半露天空間成為中間地帶，讓室內外的關係更為豐富。

（村田）

保留晴雨晾曬衣物的空間

一般都會希望晾衣場距離洗衣地點越近越好，而且最好無論晴雨都使用。一個位置要滿足日照充足、不淋雨的兩個條件，可能有點困難。此時，可以用有無屋頂的晾衣場地來解決這個問題，天氣好時在沒有屋頂的陽台晾曬；外出或下雨天可在有遮雨棚的露台晾曬衣物。若盥洗室或樓梯間有空間，也可以將場地移至室內，但此時就要特別注意通風。

（坂東）

可對應任何天氣的晾衣場

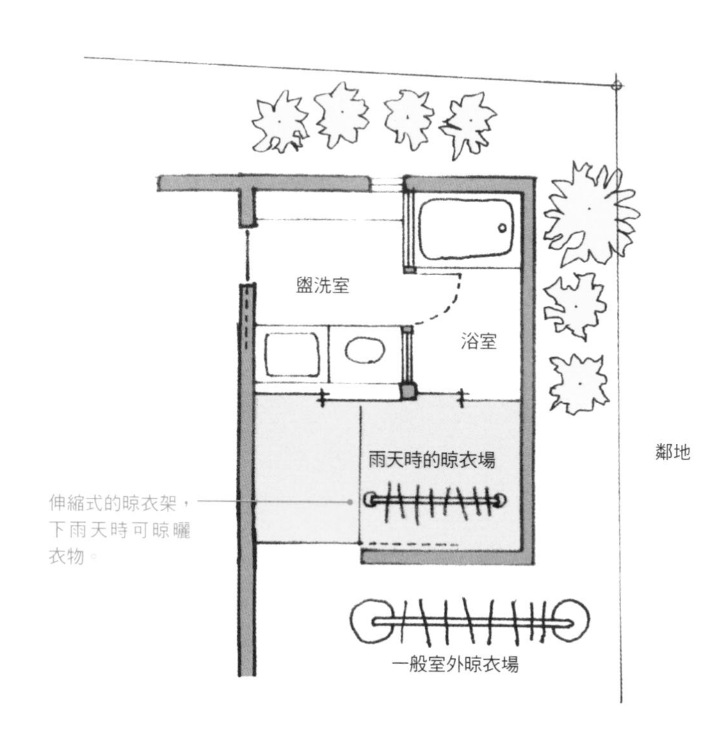

陽台較深的公寓可能雨天也能晾衣服，而獨棟的住宅最好事先考量下雨天晾曬衣物的地點。

傳統的山形屋頂令人感到安心

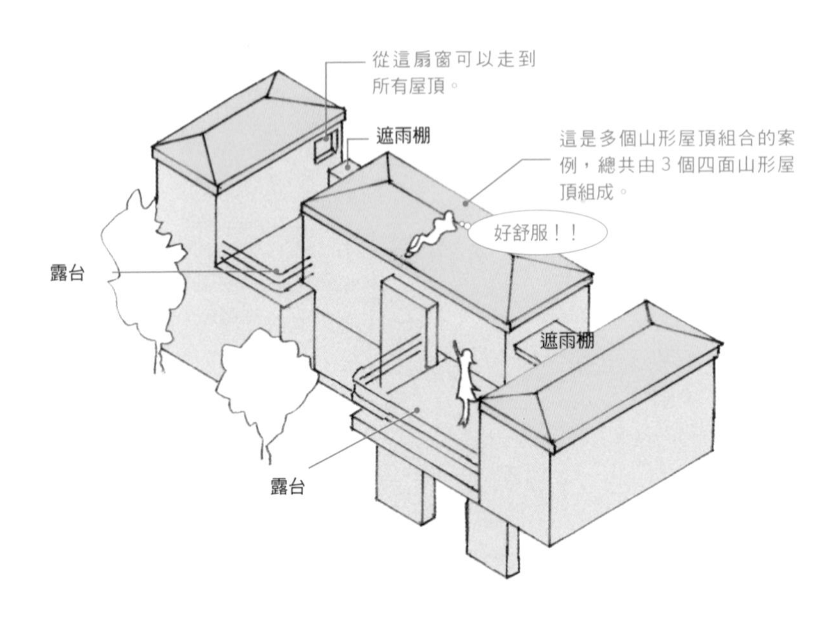

「山形」斜屋頂

看到山形屋頂，任誰都可以馬上辨認這棟建築物就是「住家」。山形屋頂儼然是一種象徵符號。屋頂的傾斜程度要看每個案例的條件而定，但我基本上都會選擇採用「山形」設計。而且，我會把建築物的總量細分，劃分成讓人沒有壓迫感、能夠融入其中的大小，帶給居住者安心、舒適的感受。除此之外，多個山形屋頂組合的建築，居住者能從室內發現住宅不同的面貌，讓住宅本身帶給居住者不同的樂趣。

（山本）

信箱位置與大小

拿取報紙與信函的方式決定了信箱的位置。因為每天都必須確認信箱內的東西，所以要根據家人的生活習慣來選擇位置與大小。通常信箱都會設在玄關門附近，但我認為必須考量從道路上看見信箱的角度、拿取容易與否等問題。如果是大件信函較多、常常長期不在家的居住者就必須要有大容量的信箱，並且在設計住宅時就必須考量這一點。譬如門與玄關距離較遠，在玄關設置信箱時，就必須充分考量防盜的問題。

（菊池）

信箱必須配合居住者的生活型態設計

最近因為防盜、個資管理的需求，推出不少有附鎖或者門牌、門鈴、照明三合一的產品。

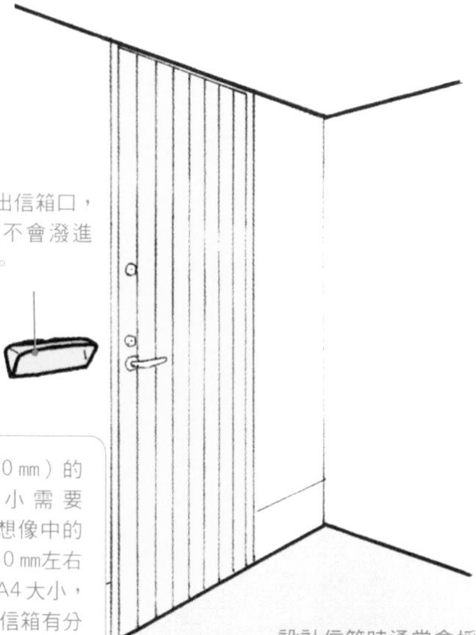

如果只有露出信箱口，請選擇雨水不會潑進信箱的樣式。

印刷品A4大小（297㎜×210㎜）的信函較多，所以信箱大小需要H350×W350×D300㎜，比想像中的要大很多。最近也有推出深110㎜左右的薄型信箱，但若要橫向投入A4大小，信箱寬度至少要300㎜以上。信箱有分為前投入、後取出；前投入、前取出兩種規格，請依照設置地點選擇適合的樣式。設置方法也有很多種形態，像是嵌入式、擺放式、壁掛式、螺絲固定式等。

設計信箱時通常會採用嵌入市售的信箱或信箱口的方法，若住宅牆面厚實，必須注意信箱的深度與設置信箱後縫隙的處理。如果選用有門柱功能的信箱，則必須注意保留電力來源。

只是想要一個人獨處……

現在這個時代，要爬上屋頂看星星有點困難。
既然如此，不妨在頂樓保留宛如閣樓一般的
獨處空間吧！

保留頂樓空間

雖然最理想的狀態可能是家人隨時隨地待在一起，但就算是感情再怎麼好，偶爾也會有想獨處的時候。反過來說，有時候家人也會想讓某個人自己冷靜一會兒。想獨處的時候，若能眺望大片晴空與遠方的景色，心情想必也會一掃陰霾。以前可以爬到屋頂上去眺望遠方，現在不妨在頂樓打造相同功能的小天地，既可成為家人隱藏秘密的角落，整體住宅空間也顯得更為深遠。

（古川）

拉進室外景色的木製露台

所謂家庭，就是結合「家」與「庭」兩個字才能成立。因此，住宅如果能妥善連結室內外空間，就能營造溫馨舒適的居家環境。木製的露台搭配室內的原木地板，看起來就像室內空間延伸到室外一樣，視覺上會比實際面積來得更為寬廣。若以水泥或磁磚鋪設露台，因為材質容易蓄熱，一到夏天輻射熱會使周遭空氣升溫並流入室內，所以我建議使用不會蓄熱的木材打造露台。

（落合）

延續室內的材質打造空間整體感

本案例的露台使用 38×90 ㎜的花旗松，並以天然塗料進行表面加工。木板間的間隙為 7 ㎜，過細不利排水、過寬則會導致幼兒夾傷腳趾，必須特別注意。

木製露台較常使用風鈴木、花旗松、扁柏等耐水、耐用的木材。

後記

ＮＰＯ法人打造好宅協會（ＮＰＯ法人家づくりの会）由40幾位專精於住宅設計的獨立建築師所組成。本協會最大的魅力在於，協會由建築師自行組成、營運。本協會於１９８３年成立，２０１５年已經邁入第33週年，這些年來，透過本協會設計而成的住宅超過７００間以上。

委託本協會設計住宅的客戶，大多是非常講究居住環境的人。更甚者，我認為有許多客戶反而會引導設計師，打造更有品味的住宅空間。打造好宅的關鍵在於屋主與設計者雙方的觀點。本書所介紹的每個細節，都是雙方討論後昇華而成的實物。我想藉這個機會，好好感謝讓設計得以實踐的所有屋主，真的非常感謝各位。

（ＮＰＯ法人打造好宅協會　代表理事／根來宏典）

NPO 法人打造好宅協會簡介

本書內容均由本協會之設計師執筆撰寫。

■ NPO 法人打造好宅協會

為了打造更好的住宅環境，做為好宅啟蒙活動原地，於 1983 年成立的住宅設計師集團。本協會認為，想打造好宅的屋主以及建築師之間必須有良好的連結，也為此日日努力不懈。

執筆者［五十音順］

赤沼 修［あかぬま・おさむ］

赤沼修設計事務所

1959 生，東京人。1982 年畢業於東海大學工學院建築系。1986 ～ 1993 年曾任職於林寬治設計事務所，於 1994 年成立赤沼修設計事務所。

伊澤淳子［いざわ・じゅんこ］

伊澤計畫

1970 年生，千葉縣人。1994 年畢業於日本大學工學院建築系，1996 年畢業於橫濱國立大學工學研究所。曾任職於日成建築設計事務所等單位，於 2009 年成伊澤計畫。

石黑隆康［いしぐろ・たかやす］

BUILTLOGIC

1970 年生，神奈川縣人。1993 年畢業於日本大學生產工學院建築工學系，1995 年取得日本大學生產工學研究所碩士學位。曾任職於設計事務所，於 2002 年成立 BUILTLOGIC。

小野育代［おの・いくよ］

小野育代建築設計事務所

1972 年生，東京人。1996 年畢業於橫濱國立大學工學院建築系。曾任職於 HAL 建築研究所，於 2006 年成立小野育代建築設計事務所。

落合雄二［おちあい・ゆうじ］

U 設計室

1955 年生，東京人。1978 年畢業於明治大學工學院建築系。曾任職於森建築、Archi-brain 建築研究所等單位，於 1990 年成立（有）U設計室。

川口通正［かわぐち・みちまさ］

川口通正建築研究所

1952 年生，兵庫縣人。自學建築相關知識，於 1983 年成立川口通正建築研究所。現任工學院大學兼任講師，同時也是日本建築學會會員。

菊池邦子［きくち・くにこ］

Territoplan

1947 年生，神奈川縣人。1968 年畢業於日本女子大學家政學院住宅學系。1979 年留學義大利，就讀佛羅倫斯建築大學建築史學系。曾任職於人類都市研究所，於 1987 年成立 Territoplan 一級建築士事務所，並擔任 NPO 法人橫濱市社區營造中心理事。

久保木保弘［くぼき・やすひろ］

Q' s Box

1959 年生，千葉縣人。1984 年畢業於早稻田大學理工學院建築系。曾任職於設計事務所，於 1999 年成立 Q' s Box。

倉島和彌［くらしま・かずや］

RABBITSON 一級建築士事務所

1955 年生，栃木縣人。1978 年畢業於東京電機大學建築系。曾任職於芦川智建築研究所等單位，於 1984 年成立企劃設計室 RABBITSON（現為 RABBITSON 一級建築士事務所），同時擔任昭和女子大學兼任講師。

丹羽修［にわ・おさむ］
NL設計一級建築士事務所
1974年生，千葉縣人。1997年畢業於芝浦工業大學工學院建築系。於2003年成立NL設計一級建築士事務所。2015年開始擔任職業訓練學校講師。

根來宏典［ねごろ・ひろのり］
根來宏典建築研究所
1972年生，和歌山縣人。1995年畢業於日本大學。1995年開始任職於古市徹雄都市建築研究所（2002年～任特別雇員），於2004年成立根來宏典建築研究所。2005年取得日本大學研究所工學博士學位。

野口泰司［のぐち・たいじ］
野口泰司建築工房
1941年生，橫濱市人。1965年畢業於橫濱國立大學工學院建築系。同年任職於柳建築設計事務所，於1975年成立野口泰司建築工房。

濱田昭夫［はまだ・あきお］
TAC濱田建築設計事務所
1942年生，福岡縣人。1972年畢業於工學院大學建築系。於1985年TAC濱田建築設計事務所。

坂東順子［ばんどう・じゅんこ］
一級建築士事務所J環境計畫
1957年生，愛媛縣人。1980年畢業於日本女子大學家政學院住宅學系。曾任職於大成建設（股）、（股）伊吹設計事務所、（股）ACT環境計畫等單位，於1990年成立坂東建築設計事務所，2000年開始更名為J環境計畫。

古川泰司［ふるかわ・やすし］
古川工房一級建築士事務所
1963年生，新潟縣人。1985年畢業於武藏野美術大學建築系，1988年取得筑波大學研究所碩士學位。曾任職於設計事務所、建築公司等單位，於1998年成立古川工房一級建築士事務所。

白崎泰弘［しらさき・やすひろ］
SEEDS　Archi-studio 建築設計室
1963年生，福井縣人。1986年畢業於早稻田大學，1988年取得早稻田大學研究所碩士學位。曾任職於坂倉建築研究所等單位，於2002年成立SEEDS　Archi-studio建築設計室。2015年開始擔任明治大學兼任講師。

杉浦充［すぎうら・みつる］
充綜合計畫一級建築士事務所
1971年生，千葉縣人。1994年畢業於多摩美術大學美術學院建築系，同年進入NAKANO CORPORATION（現更名為Wave-nakano建設）任職。1999年取得多摩美術大學研究所碩士學位，並於同年復職。於2002年成立JYU ARCHITECT充綜合計畫一級建築士事務所。2010年起擔任京都造形藝術大學兼任講師。

高野保光［たかの・やすみつ］
遊空間設計室
1956年生，栃木縣人。1979年畢業於日本大學生產工學院建築工學系，1984年擔任日本大學助理教授（任職單位為生產工學院建築工學系）。於1991年成立遊空間設計室。

田代敦久［たしろ・あつひさ］
田代計劃設計工房
1952年生，東京人。1974年畢業於明治大學工學院建築系。曾任職於宮坂修吉設計事務所、日本遞信建築事務所等單位，於1982年成立田代計劃設計工房，1985年改組為有限公司。

田中ナオミ［たなか・なおみ］
田中ナオミ工房
1963年生，大阪人。1983年畢業於女子美術大學短期大學造型學系。曾任職於n-建築設計事務所藍設計室，於1999年成立田中ナオミ工房，為社團法人住宅醫協會認證的住宅醫生。

NPO 法人打造好宅協會簡介

村田 淳［むらた・じゅん］
村田淳建築研究所

1971 年生，東京人。1995 年畢業於東京工業大學工學院建築系。，1997 年取得東京工業大學研究所建築學碩士學位後，任職於建築研究所 ARCHIVISION。2007 年任村田靖夫建築研究室負責人，2009 年更名為村田淳建築研究所。

諸角敬［もろずみ・けい］
一級建築士事務所 studio A

1954 年生，神奈川縣人。1977 年 3 月畢業於早稲田大學理工學院建築系。於 1985 年成立諸角敬建築 ・ 設計研究室 studio A，後於 2009 年 5 月更名為一級建築士事務所 studio A。

山下和希［やました・かずき］
Atelier Earth Work

1959 年生，和歌山縣人。1982 年畢業於早稲田大學專門學校產業技術專門課程建築設計科。1982 ～ 1996 年曾任職於富松建築設計事務所，於 1997 年成立 Atelier Earth Work（和歌山 office），2001 年增設安曇野 office。

山本成一郎［やまもと・せいいちろう］
山本成一郎設計室

1966 年生，東京人。1988 年畢業於早稲田大學理工學院建築系，1990 年取得碩士學位。曾任職於海工房、廣瀨研究室等單位，於 2001 年成立山本成一郎設計室。

吉原健一［よしはら・けんいち］
光風舍一級建築士事務所

1963 年生，京都人。1986 年畢業於關東學院大學工學院建築系。曾任職於北川原溫 +ILCD，於 1993 年成立光風舍一級建築士事務所。

本間 至［ほんま・いたる］
Bleistift

1956 年生，東京人。1979 年畢業於日本大學理工學院建築系。1979 ～ 1985 年間曾任職於林寬治設計事務所，於 1986 年成立 本間至 /Bleistift。2010 年開始擔任日本大學理工學院建築系兼任講師。

松澤靜男［まつざわ・しずお］
一級建築士事務所 松澤設計

1953 年生，琦玉縣人。1976 年畢業於日本大學工學院建築系。曾任職於建設公司、設計事務所等單位，於 1982 年成立一級建築士事務所 松澤設計。

松原正明［まつばら・まさあき］
松原正明建築設計室

1956 年生，福島縣人。畢業於東京電機大學工學院建築系。曾任職於今井建築設計事務所、上川 MATUDA 建築事務所等單位，於 1986 年成立松原正明建築設計室。

松本直子［まつもと・なおこ］
松本直子建築設計事務所

1969 年生，東京人。1992 年畢業於日本女子大學住宅學系。1994 年開始任職於川口通正建築研究所，於 1997 年成立松本直子建築設計事務所。

宮野人至［みやの・ひとし］
宮野人至建築設計事務所

1973 年生，北海道人。1997 年畢業於工學院大學工學院建築系。同年任職於相知技術研究所、2000 年任職於林己知夫建築設計室，於 2006 年成立宮野人至建築設計事務所，同時也是青山製圖專門學校的講師。

住宅思考圖鑑

致正在考慮打造住宅的人們，住宅需要用愛慢慢養成。

一般而言，會選擇獨棟訂製住宅的人，平均年齡大約在40歲前後。促使這些人打造住宅的契機，大多是孩子長大成人等家庭型態改變為主要原因。若考量平均壽命，打造住宅時會要求必須有40～50年的持久壽命。除了耐久性以外，還必須考量是否要為了對應往後家庭型態改變，將住宅設計成能夠輕鬆改變房間用途與隔間的形式。

另外，為了讓住宅壽命長久，使用什麼建材也是很重要的課題。如果使用值得保養的建材，隨時間流逝還能讓居住者感受到歲月洗禮後的美感。如此一來，居住者也會產生想要「養成」好宅的心情。

日本傳統的居住文化當中，蘊含各式各樣讓房屋能夠長久居住的智慧與巧思。能夠帶給人們舒適感的住宅，總是有其亙古不變的道理。希望能夠藉由本書傳達給讀者，讓現代住宅也能靈活運用這些老祖宗留下的智慧。

彩色
160頁
14.8×21cm
定價320元

TITLE

質感住宅巧思圖鑑

STAFF

出版 瑞昇文化事業股份有限公司
著者 家づくりの会 (打造好宅協會)
翻譯 涂紋凰

總編輯 郭湘齡
責任編輯 莊薇熙
文字編輯 黃美玉 黃思婷
美術編輯 朱哲宏
排版 曾兆珩
製版 昇昇製版股份有限公司
印刷 桂林彩色印刷股份有限公司
絃億彩色印刷有限公司
法律顧問 經兆國際法律事務所 黃沛聲律師

戶名 瑞昇文化事業股份有限公司
劃撥帳號 19598343
地址 新北市中和區景平路464巷2弄1-4號
電話 (02)2945-3191
傳真 (02)2945-3190
網址 www.rising-books.com.tw
Mail resing@ms34.hinet.net

初版日期 2017年1月
定價 320元

國家圖書館出版品預行編目資料

質感住宅巧思圖鑑 / 家づくりの会編著 ; 涂紋凰翻譯.
-- 初版. -- 新北市 : 瑞昇文化, 2016.11
192 面 ; 14.8 x 21 公分
ISBN 978-986-401-129-2(平裝)

1.房屋建築 2.室內設計 3.空間設計

441.58 105018515